裙装设计·制版·工艺

富鹏博 主 编 高阳会 杜仲仲 房凤华 副主编

QUNZHUANG SHEJI ZHIBAN GONGYI

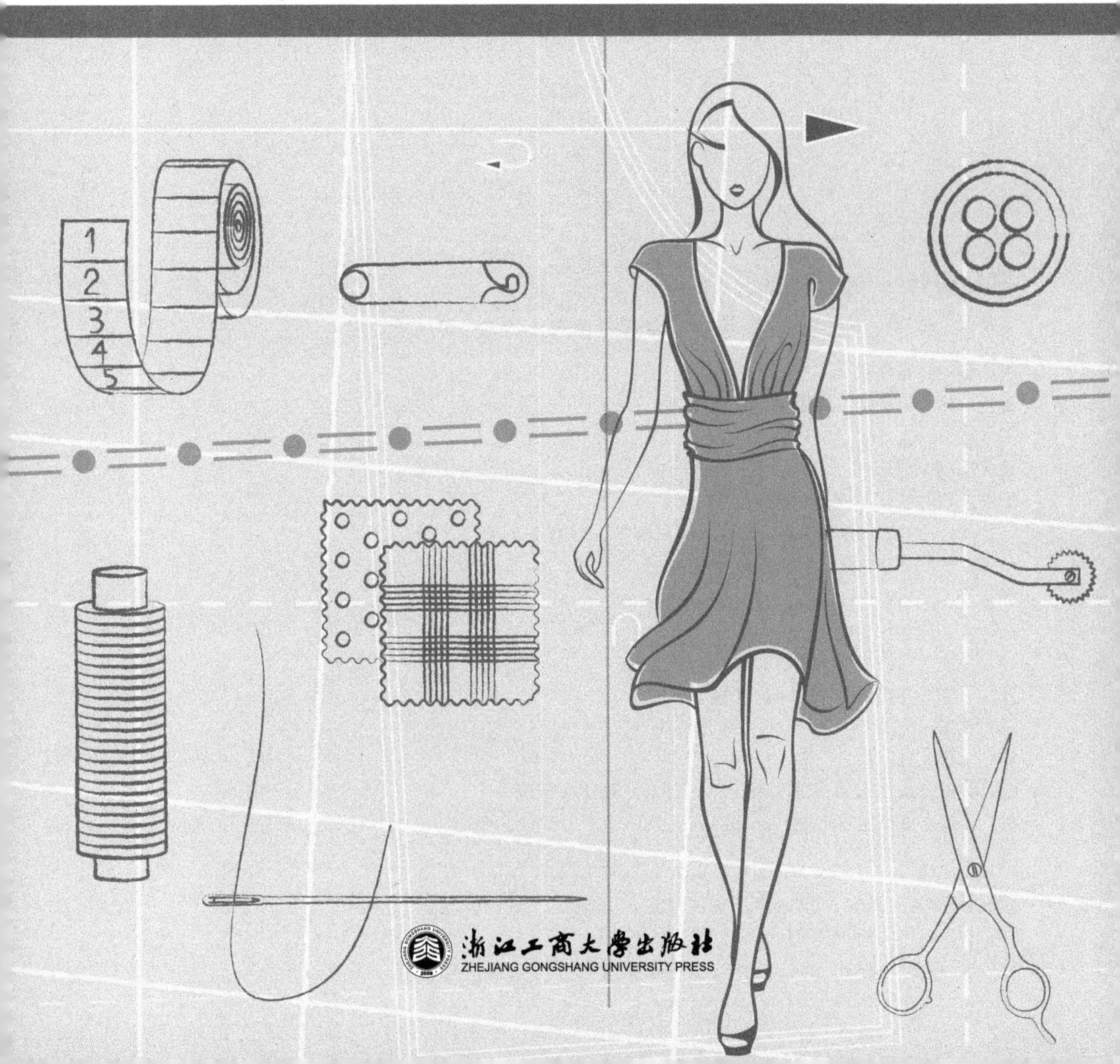

浙江工商大学出版社
ZHEJIANG GONGSHANG UNIVERSITY PRESS

图书在版编目（CIP）数据

裙装设计·制版·工艺 / 富鹏博主编 . —杭州：浙江工商大学出版社，2014.6（2015.2 重印）

ISBN 978-7-5178-0557-1

Ⅰ.①裙… Ⅱ.①富… Ⅲ.①裙子—服装设计—中等专业学校—教材②裙子—服装量裁—中等专业学校—教材③裙子—生产工艺—中等专业学校—教材 Ⅳ.① TS941.717.8

中国版本图书馆 CIP 数据核字（2014）第 141426 号

裙装设计·制版·工艺

富鹏博 主 编 高阳会 杜伸伸 房凤华 副主编

策划编辑 谭娟娟
责任编辑 梁春晓 尤锡麟
封面设计 王妤驰
责任印制 包建辉
出版发行 浙江工商大学出版社
（杭州市教工路 198 号 邮政编码 310012）
（E-mail: zjgsupress@163.com）
（网址：http://www.zjgsupress.com)
电话：0571-88904980，88831806（传真）
印　　刷 绍兴虎彩激光材料科技有限公司
开　　本 787mm×1092mm 1/16
印　　张 6.25
字　　数 110 千
版 印 次 2014 年 6 月第 1 版 2015 年 2 月第 2 次印刷
书　　号 ISBN 978-7-5178-0557-1
定　　价 20.00 元

《裙装设计·制版·工艺》编委会

主　编　富鹏博

副主编　高阳会　杜伸伸　房凤华

编　委　林永清　蒋筱筱　蔡丽婧

吕国东　张康华

项目一 休闲裙

项目二 时装裙

项目三　正装裙

项目一　休闲裙

【项目描述】

卡丝利蔓公司与我校合作共同开发明年春夏休闲裙款式，为了更好地与企业合作，形成校企联盟，共同培养学生，锻炼学生全方位能力，我们进行款式设计、结构制图和样衣制作的课程教学。

【项目分析】

通过学习，了解细褶裙、波西米亚裙、波浪裙的款式特点与款式变化，设计拓展裙子的款式，结合分析进行细褶裙、波西米亚裙、波浪裙的结构设计，掌握制图原理与要点。最后完成一款裙装的工艺缝制，要求达到质量标准。

【项目目标】

1. 知识目标：了解休闲裙的款式特点、结构特征。
2. 技能目标：通过款式分析，绘制休闲裙的结构制图，掌握制图要点与技巧。
3. 情感目标：提高学生的动手操作能力、分析能力。

【项目实施】

任务一　休闲裙的款式设计

通过学习，使学生掌握服装各产品类别的设计特点及设计方法，要求学生能结合市场因素进行产品设计，培养学生对市场的把握能力，锻炼他们对流行信息及其实际运用的掌握能力。

不同的产品类别具有不同的设计特点，要运用不同的设计思路、方法指导学生进行设计，千万不能使他们形成千篇一律的思维定势。在进行不同产品类别的设计时，应多从市场的角度出发，运用实际可行的方案进行设计。

休闲服装是由人们追求轻松、崇尚自然质朴的生活方式所产生的，也是现代社会追求高质量和舒适生活的充分体现。休闲服装是在一般社交场所穿着的轻松服装，它是相对于严谨正规的工作职业装和礼服而言的。休闲服装的设计具有广阔的空间，其设计着重强调舒适性、随意性、休闲性，搭配较自由，是现代服装设计产品的主要门类。休闲服装的设计具有群体性、流行性、随意性等特征。

一、休闲裙的设计要领

休闲裙的常见形态有褶裥、塔裙、波浪裙等。

休闲裙的结构设计应强调便于人体活动，因此其板型较正装裙更为宽松。通过腰臀围及下摆比例的合理分配，使廓型自然且便于着装者休闲活动。在结构设计中运用横向或纵向、直线或曲线的分割处理，在款式变化的同时要求体现裙装穿着的各种功能特性。

休闲裙的色彩以柔和的自然色调、层次丰富的灰色系、淡雅的中性色调和纯色系为主，但也需结合每一年、每一季不同倾向的流行色。

休闲裙的面料以全棉、全麻、皮革等天然材质为主，也可以用灯芯绒、卡其布、牛仔布、人造棉、棉麻、条纹麻、粗花呢等。若有特殊效果的需要，还可以在普通面料上运用拉毛边、拼接、刺绣、印染等多种方式进行面料二次设计。

（一）细褶裙

1. 概念

褶裙包括抽褶裙和褶裥裙两大类。其中抽褶裙是指在腰部抽褶的裙子，褶形活泼自然；褶裥裙是指裙身有规律压褶的裙子，褶子的造型有多种变化。

2. 特点

褶裙的特点是裙内空间大，便于活动，褶形变化丰富，能够体现轻松优雅的造型风格，适合不同年龄的女性在不同场合穿着。其中抽褶裙下摆宽大舒展，在臀部、下摆有充裕的松量，穿着舒适飘逸。褶裙的面料选择范围也很广，用不同的面料制作会呈现不同的效果。压褶裙则更有规律，富有韵律感，要求做工也更考究。压褶裙一般选用适于高温定型的面料制作，如含有化学纤维的混纺面料。

3. 种类

①碎褶（细褶）裙。（图 1-1-1）

②阴褶裙。（图 1-1-2）

③阳褶裙。（图 1-1-3）

④顺风褶裙。（图 1-1-4）

⑤立褶裙。（图 1-1-5）

图 1-1-1

图 1-1-2

图 1-1-3

图 1-1-4

图 1-1-5

专家指点

变化设计：褶裙的设计可以在褶裥形状、腰裙形状、装饰手段等几方面进行变化。

（1）褶裥形状变化：褶裥形状可从形式、宽窄、位置、方向等多个方面进行变化。褶裥形式，如碎褶（细褶）、顺风褶、阴褶、阳褶、立褶等可以视款式材料选择，也可以将不同形式的褶裥组合运用在一条裙子上。褶裥宽窄直接影响裙身的风格，如褶面较宽的八褶裙显得活泼可爱，适合年轻女孩穿着，可用作中学生制服；超短的迷你百褶裙极富动感，具有韵律美，适合网球、溜冰等运动时穿着；而细密的雨伞褶长裙的褶山较高，有明显的立体感，可做正装穿着。褶裥位置可均匀地打一周，也可在裙子两侧进行对称设计，还可以将褶裥集中安排在裙的一侧或某个局部裁片上，使褶裥与平整的裙片形成疏密对比。褶的方向一般以竖向为主，但也可以进行斜向设计，或者在中心线的左右呈对角斜向设计，使裙子更新颖。

（2）裙腰形状变化：褶裙的腰部可以有低腰、高腰或无腰设计；腰头形状可设计成矩形或扇环形；开衩的位置可以在前中或后中，也可以在左侧或右侧。

（3）装饰手段变化：褶裙的装饰手段很多，最常见的有缉线装饰、镶边装饰、装纽扣、装饰襻、角偶纹样刺绣等。（图 1-1-6 至图 1-1-11）

图 1-1-6　图 1-1-7　图 1-1-8

图 1-1-9　图 1-1-10　图 1-1-11

（二）波西米亚裙

1. 概念

波西米亚裙是指由两层（节）或多层（节）裙片缝合的裙子，其外轮廓越向下，下摆展开越大，呈塔形。

2. 特点

波西米亚裙层次丰富，层层叠置，连绵的裙摆线条或规则或随意，显得灵活，具有飘逸动态美，极具女性服装特色。

3. 种类

波西米亚裙的种类分多节型（图 1-1-12）和多层型（图 1-1-13）两大类。

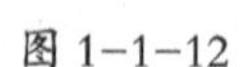

图 1-1-12　图 1-1-13

专家指点

变化设计：波西米亚裙的变化设计主要有层节变化、组合变化及装饰变化三个方面。

（1）层节变化：层节变化体现在裙片层节数量、层节宽窄上。层节至少两层（节），也可以多层（节）；层节宽窄可以自由变化，但要考虑比例美，以达到修正人体比例的目的。一般层次密集的多层型塔裙可采用相等的宽窄。而层次较少的塔裙，可以上窄下宽逐层递加，也可以上窄下宽逐层递减。塔裙的下摆设计呈现多样化，有水平的，有往相同或不同方向倾斜的，还有前短后长的。（图 1-1-14 至图 1-1-17）

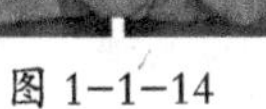

图 1-1-14 图 1-1-15 图 1-1-16 图 1-1-17

（2）组合变化：波西米亚裙在设计中可以运用不同面料、不同轮廓进行组合。例如，多层波西米亚裙可与紧身裙、育克裙组合，裙的臀腰部分可采用稍厚面料紧身造型，下摆为轻薄面料的多层裙裾，显得摇曳生姿。此外，裙片可以同时采用不同的处理手法，如不同的褶裥、不规律的长度等。（图 1-1-18 至图 1-1-21）

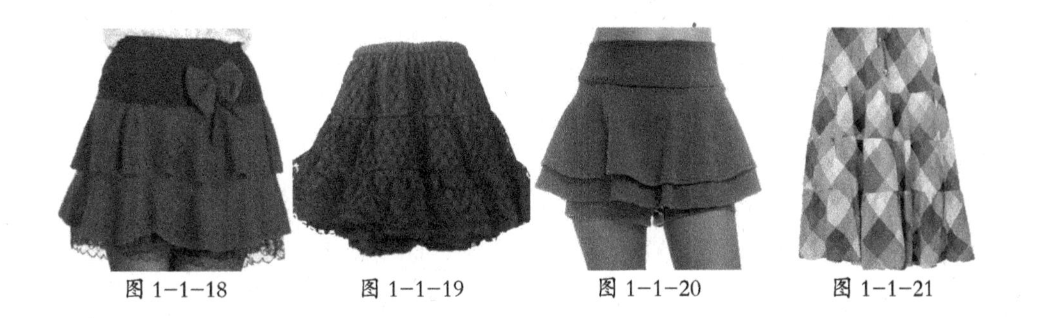

图 1-1-18 图 1-1-19 图 1-1-20 图 1-1-21

（3）装饰变化：波西米亚裙的设计中可以运用各种装饰手法，以形成丰富多彩的效果。如在塔层衔接处或底边使用不同面料包边，装饰花边、流苏、刺绣等；在裙腰处穿绳带系结；不同塔层用不同面料进行拼接。（图 1-1-22 至图 1-1-25）

图 1-1-22 图 1-1-23 图 1-1-24 图 1-1-25

（三）波浪裙

1. 概念

波浪裙是指从腰到胯帖服身体，自臀围线以下逐渐扩大摆围，使下摆舒展张开，形成波浪效果，一般由一片、两片、四片、六片、八片及更多数量的裙片组成的裙装。（图 1-1-26 至图 1-1-29）

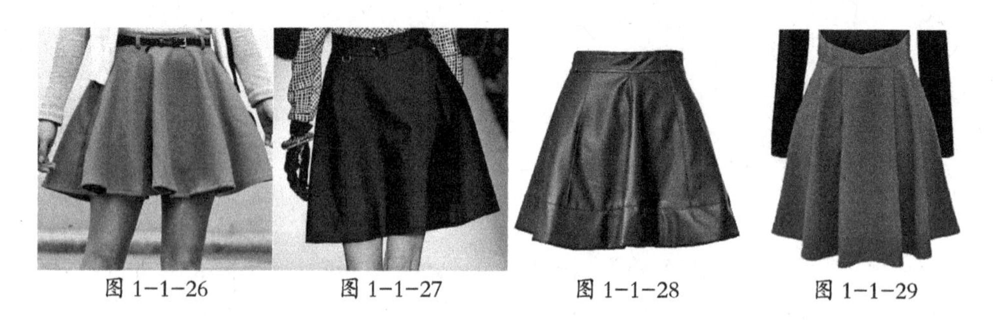

图 1-1-26　图 1-1-27　图 1-1-28　图 1-1-29

2. 特点

波浪裙的特点是多为斜丝缕裁剪，裙摆宽裕，裙身线条流畅，动感显著，能较好地展现女性婀娜多姿的体态和柔美气质。

3. 种类

波浪裙的种类有全圆裙、两片裙、四片裙、六片裙、八片裙等。

专家指点

变化设计：波浪裙的设计可以从裙片分割、局部造型、装饰手段等几个方面进行变化。

（1）分割变化：波浪裙的分割有纵向、横向、斜向及组合分割等几种变化。纵向分割通过对裙片剪接，改变了其一周的展宽，形成了多片组合的效果；横向和斜向分割的波浪裙改变了原来裙身自腰部逐渐向下展开的形态，而与其他多种元素组合，形成了横向和斜向上的折缝效果，使波浪裙更具有层次感，如腰育克与波浪裙组合，紧身裙与喇叭裙组合，甚至多层育克或育克与筒裙组合后再与波浪裙拼接，使得变化更为丰富。（图 1-1-30 至图 1-1-31）

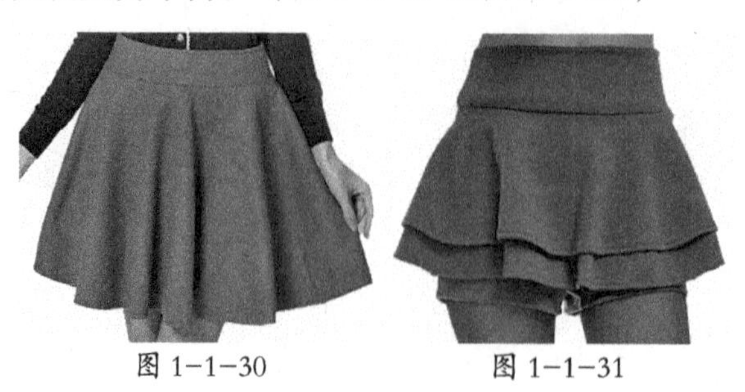

图 1-1-30　图 1-1-31

（2）局部造型变化：波浪裙的局部变化主要在于腰部和下摆两个部位。在基本款式的波浪裙中，常设计为绱腰和无腰的形态，在体侧或后中开口。在无腰的款式中可以降低腰线位置，使其更贴合女性腰臀曲线并在相应位置进行装饰变化；在采用横向和斜向、综合分割等变化方式的波浪裙款式中，则可以设计为连腰的形态，或者在腰育克上进行分割设计。除腰部以外，波浪裙的局部变化还可以在下摆中体现，如下摆摆线的不对称造型和不规则造型，以及下摆前后或两侧开衩的处理等。（图 1-1-32 至图 1-1-35）

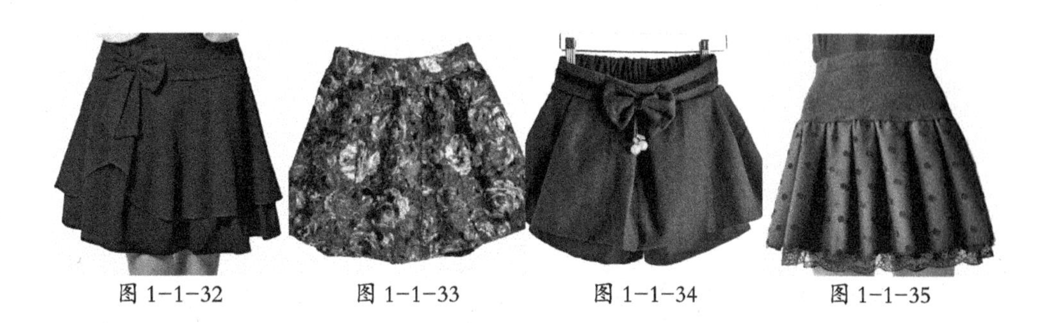

图 1-1-32　图 1-1-33　图 1-1-34　图 1-1-35

（3）装饰手段：波浪裙设计可以运用多种装饰手段，如在裙身分割线或裙摆处缉明线、钉珠管或装饰花边、流苏、皮毛饰带；在裙身或裙角处运用规则或不规则的刺绣图案；在裙身左右缝制各种形态口袋；在裙腰处钉袢带或穿绳带系结；在裙身上用不同色彩和不同质感的面料进行拼接；等等。

拓展训练

休闲裙设计变化实例

以波浪裙为例，对休闲裙设计的装饰变化、分割线变化及裙身局部变化思路、方法、形式及效果进行分析。同学们可以按此对其他休闲裙品种进行设计变化。

训练 1：根据给定的款式，进行同类款式设计。

训练 2：自行设计一款波西米亚裙。

训练 3：为某明星设计一款波浪裙。

任务二 休闲裙的结构设计

根据我们为卡丝利蔓设计的款式图，我们进行结构分析并绘制结构图，锻炼学生平面到立体的思维能力和动手操作能力。

子任务一 细褶裙的结构设计

一、任务

完成此款细褶裙的纸样设计。（图 1-2-1）

图 1-2-1

二、任务准备

材料：绘画图纸 36cm × 36cm。

设备：制板桌。

工具：专业打板尺、铅笔、橡皮、美工刀。

三、任务实施

（一）分析平面款式与特点

图 1-2-2

细褶裙又称为碎褶裙，是所有裙子中结构和工艺最为简便的一类。裙子长度可在中裙或长裙之间自由变化，但应避免超短设计。腰围处不规则的丰富的细小褶皱，给人以自然轻柔的感觉。细褶裙的面料选择范围较广，但是要想充分地表现细褶特点，轻而柔软的材料比较适宜。本款裙子由呈长方形的前后裙片组成，腰部抽细褶后装直腰，细褶裙约为成品腰围的 1 倍，右侧缝装隐形拉链。（图 1-2-2）

（二）研究测量与规格

1. 测量知识

（1）裙腰围的放松量：裙腰围的放松量一般在 0~2 cm之间。

（2）裙臀围的放松量：根据面料的厚薄确定褶量的松量。

2. 细褶裙成品号型规格参考（单位：cm）

规格 部位	155/68	160/68	165/71	170/71
裙长	68	70	72	74
腰围	67	69	71	73
臀围	90	94	96	98

3. 制图规格（单位：cm）

号型	裙长	净腰围（参考）	净臀围（参考）
160/68A	70	69	94

（三）绘制裙片结构图（图 1-2-3）

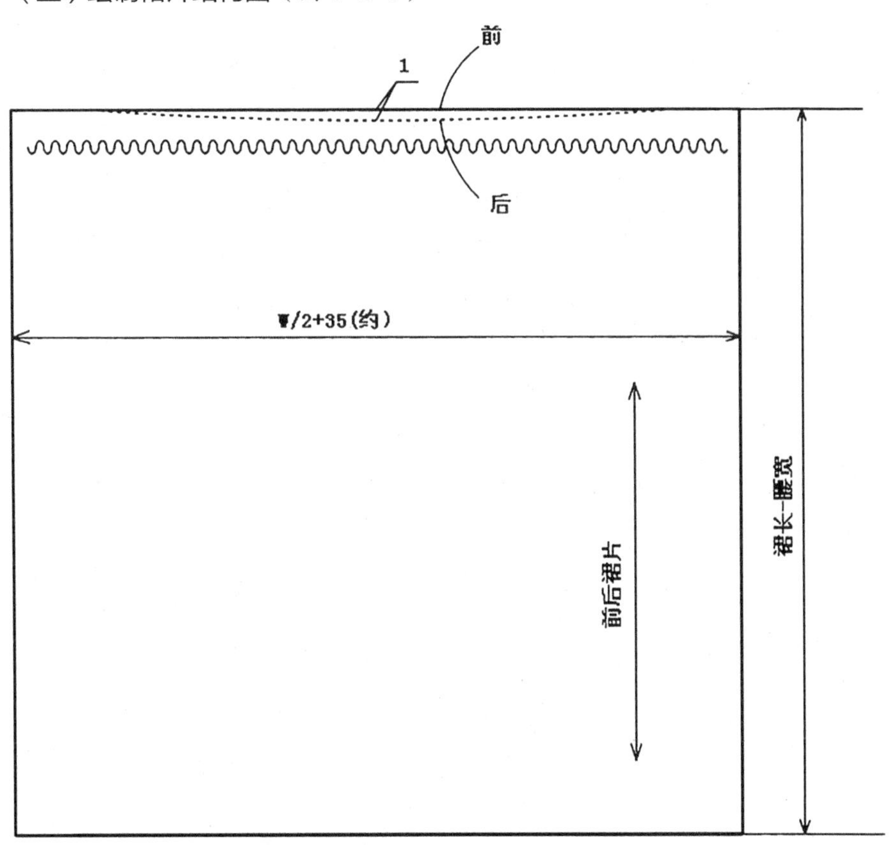

图 1-2-3

（四）配零部件等结构图

腰头结构图（图 1-2-4）

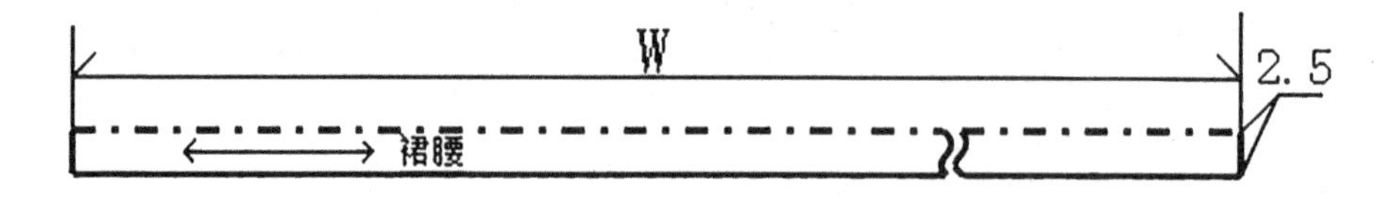

图 1-2-4

（五）细褶裙放缝方法与打刀眼、做记号方法（图 1-2-5）

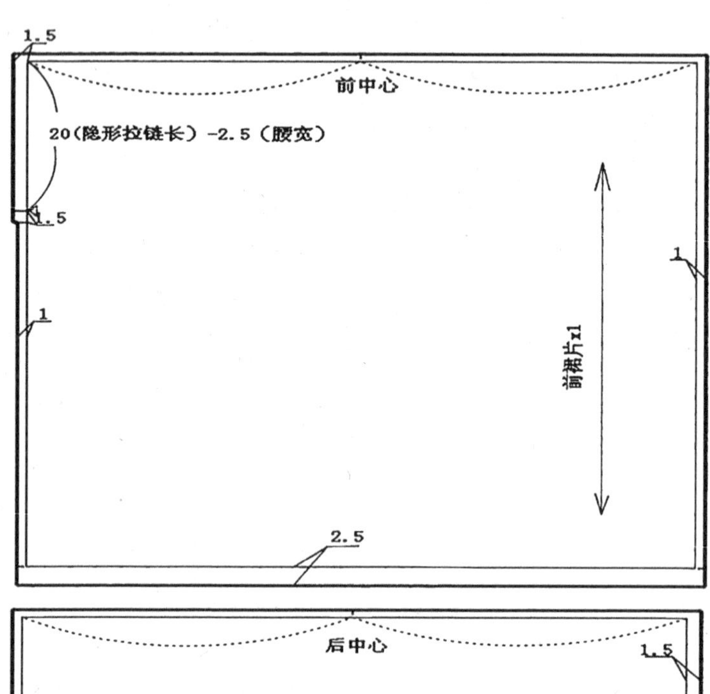

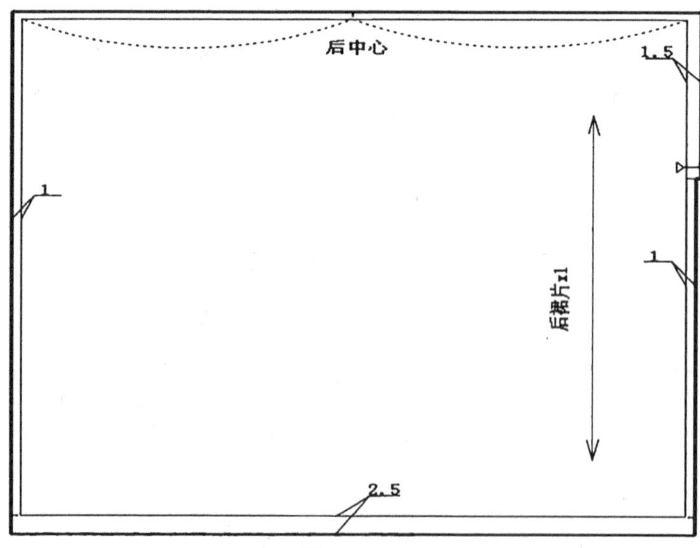

图 1-2-5

（六）其他零部件放缝图（图 1-2-6）

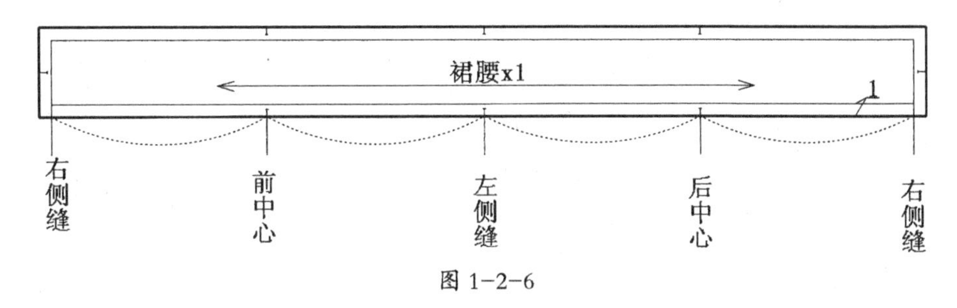

图 1-2-6

（七）细褶裙样板名称及裁片数量

序号	种类	名称	数量片	备注
1	面料（主部件）	前裙片	1	
2	面料（主部件）	后裙片	1	
3	面料（零部件）	裙腰	1	门襟侧裙腰一片，里襟侧裙腰一片

四、任务评价

项目	权重分	细节要求	得分
细褶裙的结构设计	5 分	构图好，制图熟练规范	
	15 分	公式标齐，注寸清楚，文字有标注	
	10 分	轮廓线分明，图纸清晰	
	10 分	直线顺直，弧线圆顺	
	10 分	无遗漏的部位，符号标齐，完整性好	
	10 分	零部件配齐，无遗漏	
	10 分	放缝方法准确，有标注	
	10 分	眼刀、钻眼位置准确，无遗漏	
	10 分	裁片齐全，无遗漏	
	10 分	样板上有纱向与文字标注并规范	
总分	100 分		

五、任务总结

（1）面料与抽褶量：细褶裙的腰口抽褶量大小应视不同面料而定，一般厚、紧、硬的面料抽褶量小，松、薄、软的面料抽褶量大。

（2）裙装成品臀部必须大于人体净臀部，即细褶裙量至少应设计为 H-W，约 0.35 倍腰围（A 体型），这种情况下褶量较小，抽褶效果不明显，极少采用。只要褶量大于 0.35 倍腰围，成品臀围必定大于人体净臀围，因此设计细褶裙时不必考虑臀围规格。

六、拓展作业

完成褶量为腰围的 1.5~2 倍的细褶裙。

子任务二 波西米亚裙的结构设计

一、任务

完成此款波西米亚裙的纸样设计。（图 1-2-7）

图 1-2-7

二、任务准备

材料：绘画图纸 36cm×36cm。

设备：制板桌。

工具：专业打板尺、铅笔、橡皮、美工刀。

三、任务实施

（一）分析平面款式与特点

波西米亚裙，又称为接裙、节裙，是细褶裙的变化款之一。波西米亚裙横向分割成几节，每条拼接缝加入细褶，通常逐段加宽加长，使裙子从腰部到裙摆逐渐蓬松，外轮廓如同塔状。此外，波西米亚裙还可以通过将各节裙片改变布纹方向，

使用不同花色质地的面料(包括花边等)组合等变化，得到更多的造型效果。（图 1-2-8）

图 1-2-8

（二）研究测量与规格

1. 测量知识

（1）裙腰围的放松量：裙腰围的放松量一般在臀围 4~6 cm之间。

（2）裙臀围的放松量：根据面料的厚薄确定褶量的松量。

2. 波西米亚裙成品号型规格参考（单位：cm）

部位 \ 规格	155/68	160/68	165/71	170/71
裙长	60	63	66	69
腰围	68	68	71	71
臀围	86	90	94	98

3. 制图规格（单位：cm）

号型	裙长	净腰围（参考）	净臀围（参考）
160/68A	63	68	90

（三）绘制裙片结构图（图 1-2-9）

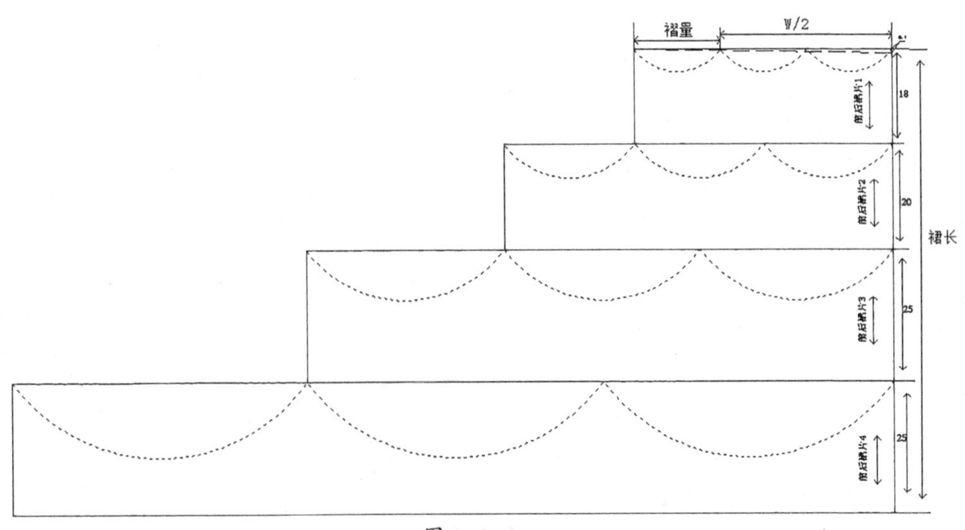

图 1-2-9

（四）波西米亚裙放缝方法与打刀眼、做记号方法（图 1-2-10）

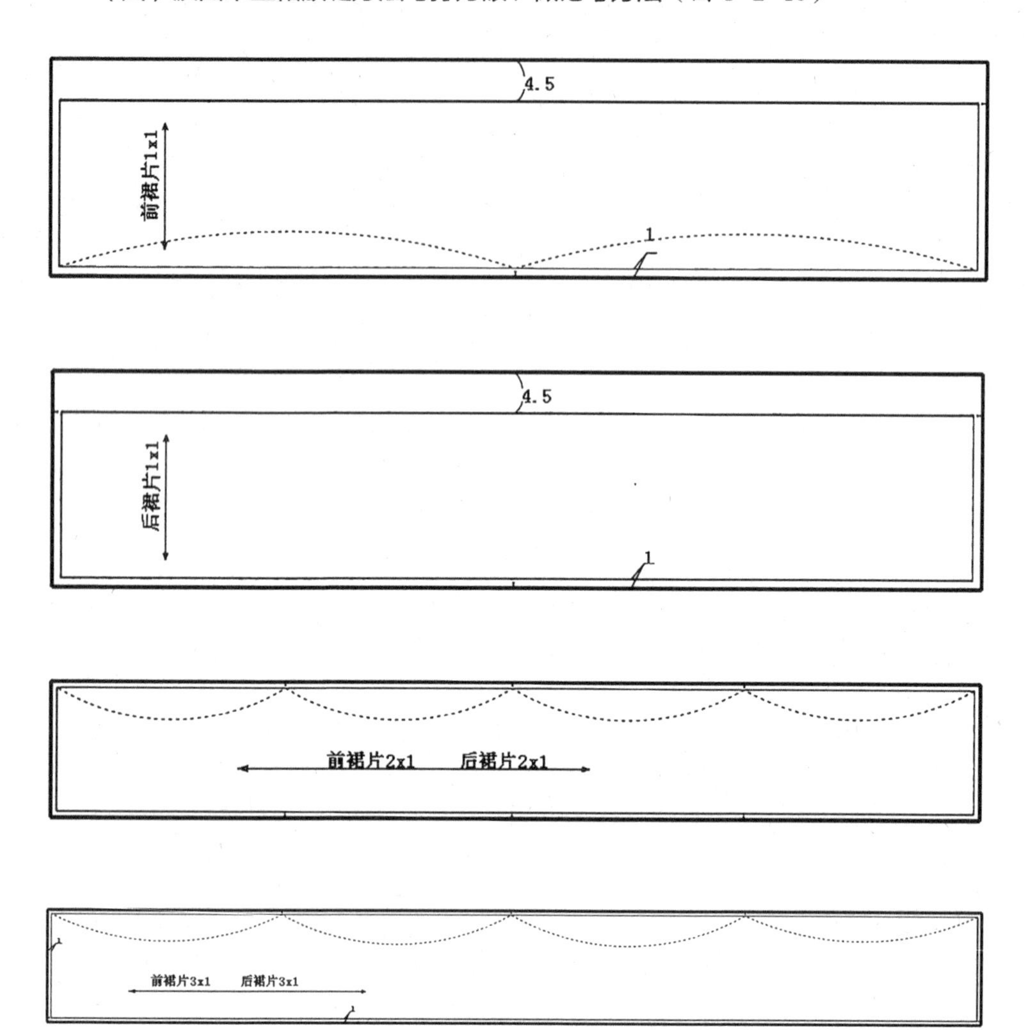

图 1-2-10

（五）波西米亚裙样板名称及裁片数量

序号	种类	名称	数量（片）	备注
1	面料（主部件）	第一节裙片（裙腰）	2	前裙片一片，后裙片一片
2	面料（主部件）	第二节裙片	2	前裙片一片，后裙片一片
3	面料（主部件）	第三节裙片	2	前裙片一片，后裙片一片
4	面料（主面料）	第四节裙片	2	前裙片一片，后裙片一片

四、任务评价

项目	权重分	细节要求	得分
波西米亚裙的结构设计	5 分	构图好，制图熟练规范	
	15 分	公式标齐，注寸清楚，文字有标注	
	10 分	轮廓线分明，图纸清晰	
	10 分	直线顺直，弧线圆顺	
	10 分	无遗漏的部位，符号标齐，完整性好	
	10 分	零部件配齐，无遗漏	
	10 分	放缝方法准确，有标注	
	10 分	眼刀、钻眼位置准确，无遗漏	
	10 分	裁片齐全，无遗漏	
	10 分	样板上有纱向与文字标注并规范	
总分	100 分		

五、任务总结

（1）面料应选择轻薄而柔软的材料，如棉、丝、化纤等，麻类材料不适宜。如果拉伸的成品大于人体臀围 6cm 以上则不必装拉链，因为在穿着时，6cm 的松量足够通过臀部最大处。

（2）自然状态（不拉伸）下的裙腰围规格应控制在净腰围的 80% 左右，才能保持穿着的舒适性。太大则松垮，太小则紧勒。三节的长度与宽度逐节加大，宽度一般在前一节的基础上加宽 1/2 或 1/3。

六、拓展作业

完成波西米亚裙变化款式的结构设计。

子任务三 波浪裙的结构设计

一、任务

完成此款波浪裙的纸样设计（图 1-2-11）。

图 1-2-11

二、任务准备

材料：绘画图纸 36cm × 36cm。

设备：制板桌。

工具：专业打板尺、铅笔、橡皮、美工刀。

三、任务实施

（一）分析平面款式与特点

波浪裙又称为喇叭裙，一般由两片组成，也可以是一片、四片、六片、八片等组成；每片展开的角度从45°起可增加至360°，角度越大，裙摆越大，装饰感越强，总弧度达到360°即为全圆裙，本款款式无腰，腰围线略低于正常腰节线，由两个90°裙片组成，裙腰内装腰里贴边，右侧缝装隐形拉链。（图 1-2-12）

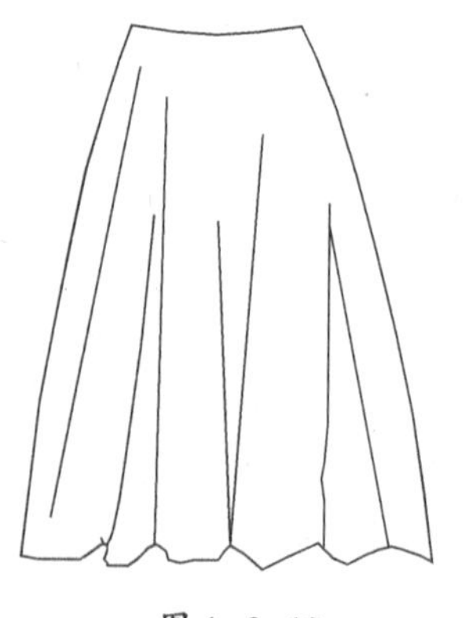

图 1-2-12

（二）研究测量与规格

1. 测量知识

（1）裙腰围的放松量：裙腰围的放松量一般在 0~2 cm之间。

（2）裙臀围的放松量：制图时不必考虑臀围的大小，裙片的张开量就能满足臀围量。

2. 波浪裙成品号型规格参考（单位：cm）

部位＼规格	155/68	160/68	165/71	170/71
裙长	56	60	64	68
腰围	70	72	74	76
臀围	88	90	96	98

3. 制图规格（单位：cm）

号型	裙长	腰围	净臀围（参考）
160/68A	60	72	90

（三）绘制裙片结构图（图 1-2-13）

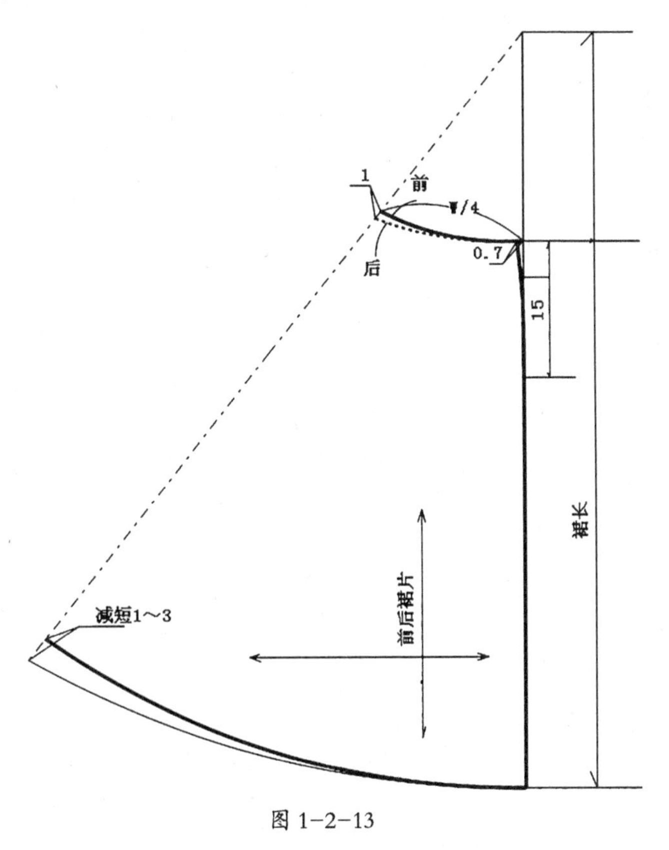

图 1-2-13

（四）波浪裙放缝方法与打刀眼、做记号方法（图 1-2-14）

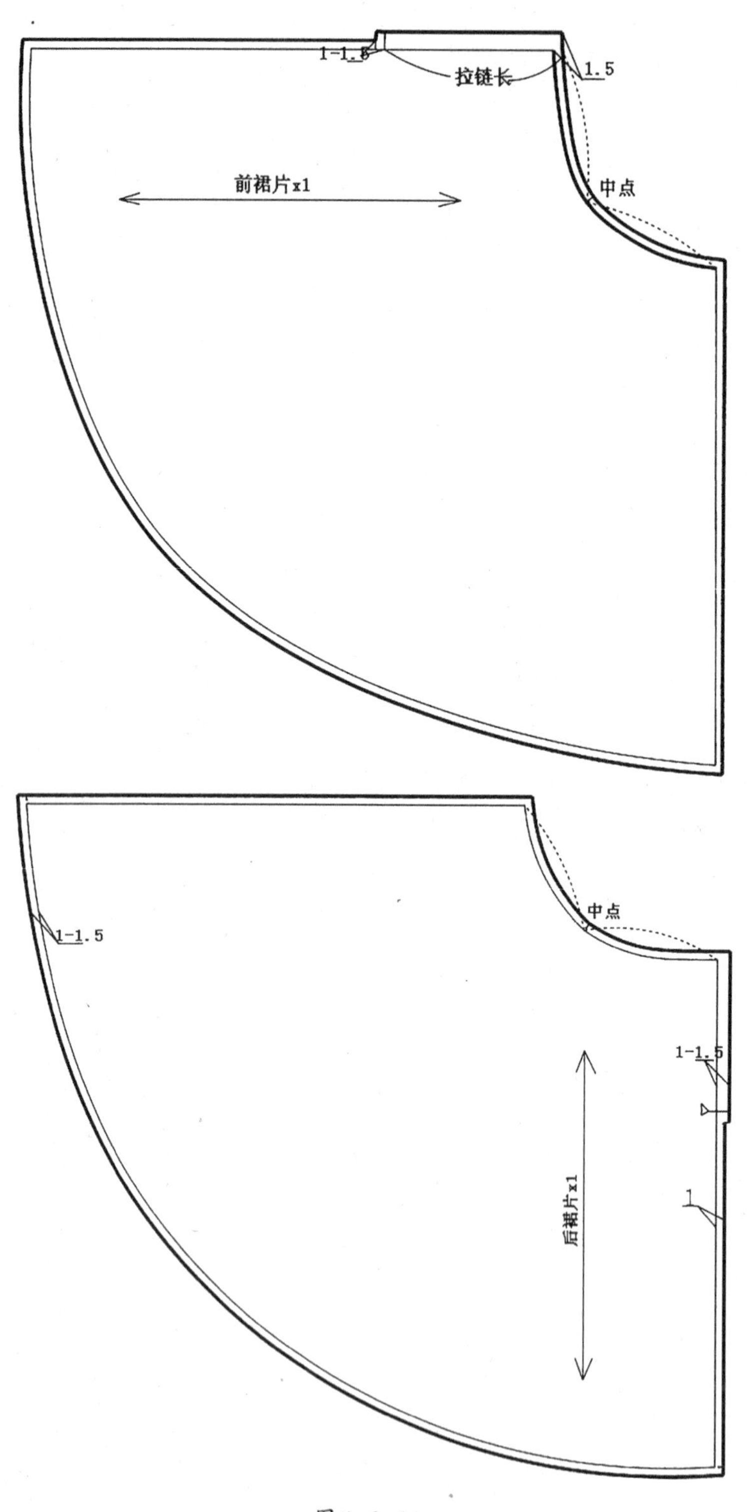

图 1-2-14

（五）其他辅料放缝图（图 1-2-15）

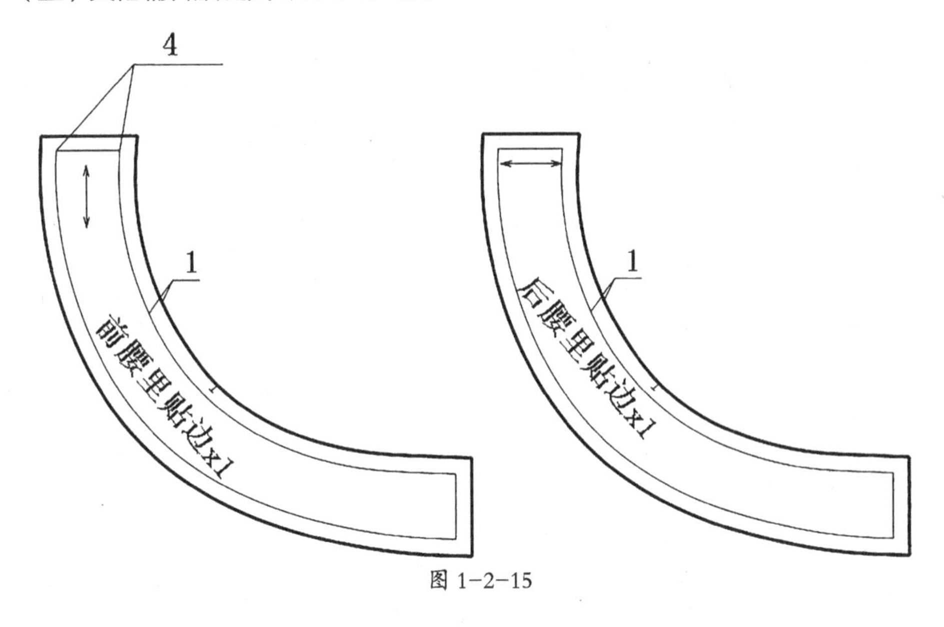

图 1-2-15

（六）波浪裙样板名称及裁片数量

序号	种类	名称	数量（片）	备注
1	面料（主部件）	前裙片	1	
2	面料（主部件）	后裙片	1	
3	面料（零部件）	前裙腰贴边	1	
4	面料（零部件）	后裙腰贴边	1	

四、任务评价

项目	权重分	细节要求	得分
波浪裙纸样设计	5 分	构图好，制图熟练规范	
	15 分	公式标齐，注寸清楚，文字有标注	
	10 分	轮廓线分明，图纸清晰	
	10 分	直线顺直，弧线圆顺	
	10 分	无遗漏的部位，符号标齐，完整性好	
	10 分	零部件配齐，无遗漏	
	10 分	放缝方法准确，有标注	
	10 分	眼刀、钻眼位置准确，无遗漏	
	10 分	裁片齐全，无遗漏	
	10 分	样板上有纱向与文字标注并规范	
总分	100 分		

五、任务总结

（1）面料选择。波浪裙的面料选择范围较广，但不同的面料与波浪形态有直接关系。一般悬垂性好的面料波浪形态优美，波浪量宜大；质地较厚较硬实的面料裁片波浪量宜小。

（2）结构图中前（后）中线处减短了 1～3cm，是为防止因斜料在悬垂状态下的自然伸长，而产生底边局部不平的弊病，伸长量因面料而异。有些疏松织物甚至需要减短更多。

制图时不必考虑臀围大小，根据计算，45° 的两片裙就能满足臀围量。（当角度为 45° 时，由于下摆张开量较小，可归属到 A 字裙。）

六、拓展作业

完成一款波浪裙的结构设计。

任务三　休闲裙的缝制工艺

子任务　波西米亚裙的缝制工艺

一、排料与裁剪

1. 排料

由于本款波西米亚裙只有八片矩形裁片，没有其他的零部件，因此排料方案难有很多变化。这里提供一种排料方案。（图 1-3-1）

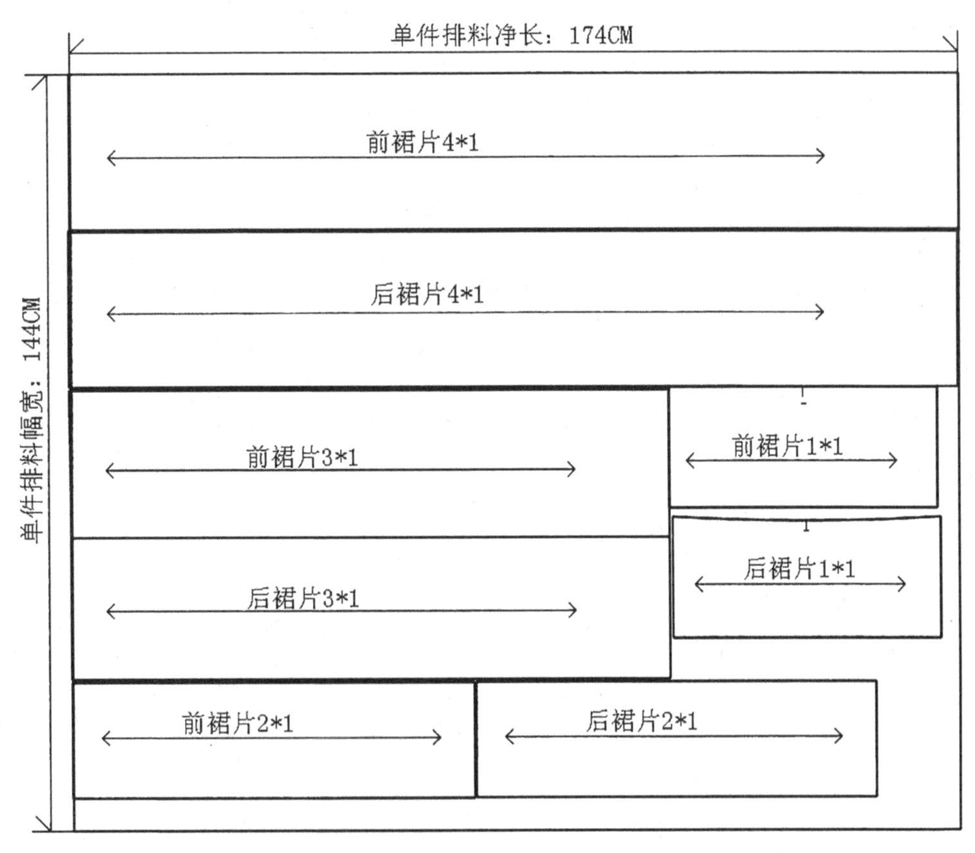

图 1-3-1

2. 裁剪

按确定的排料方案，可用划粉依照纸样在布料反面先划样，也可以将纸样用大头针别在布料上手工裁剪，要求丝缕端正，剪裁精确，并注意不要遗漏下列对位剪口：

（1）每节裙片相拼接处的中点及 1/4 点的对位剪口；

（2）裙腰卷边宽度的剪口；

（3）裙摆剪边宽度的剪口。

二、净样板制作

本款波西米亚裙只有腰部扣烫时宜采用净样板辅助定宽，可用卡纸制作一块宽度为腰头宽、长度约 10cm 的矩形（长度过长会使用不便）。

三、辅料配置

橡筋一条：宽度为 3cm、长度为裙子号型中型的 65%。

四、专用辅助工具准备

本款波西米亚裙底摆卷边和裙节抽褶宜分别采用专用卷边压脚和抽褶压脚。根据卷边宽度要求可选择不同规格的卷边压脚，采用卷边压脚既能提高效率，又能保证卷边质量。

压脚后面的螺丝可调节抽缩量，拧紧则抽缩量增，反之则减，使用前应先调试。（图 1-3-2）

图 1-3-2

五、确定工序

为使缝制工作有序进行，在缝制前应合理安排各个工序的顺序，使各工序之间衔接良好，提高缝制效率。为此制定本款波西米亚裙的缝制工艺流程图（图 1-3-3）。

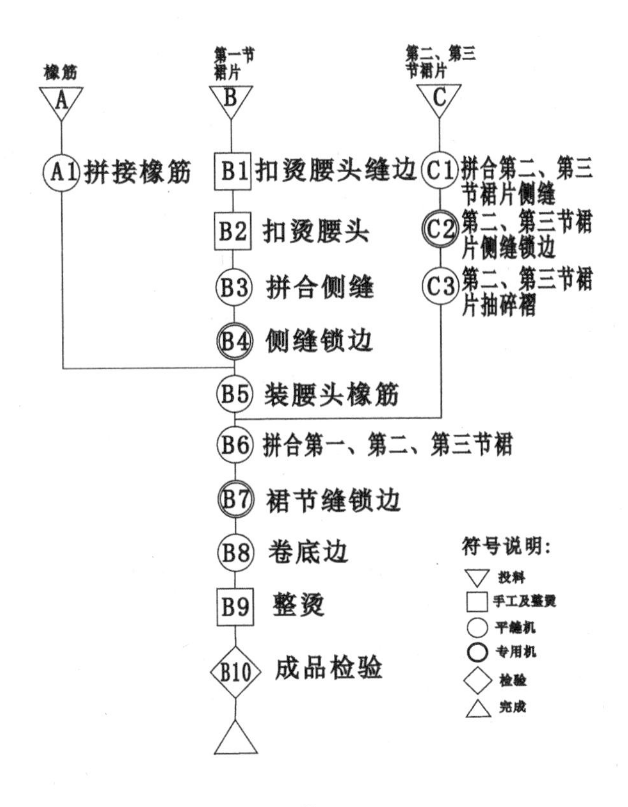

图 1-3-3

六、缝制方法与要领

根据缝制工艺流程，波西米亚裙的缝制要领步骤介绍如下：

	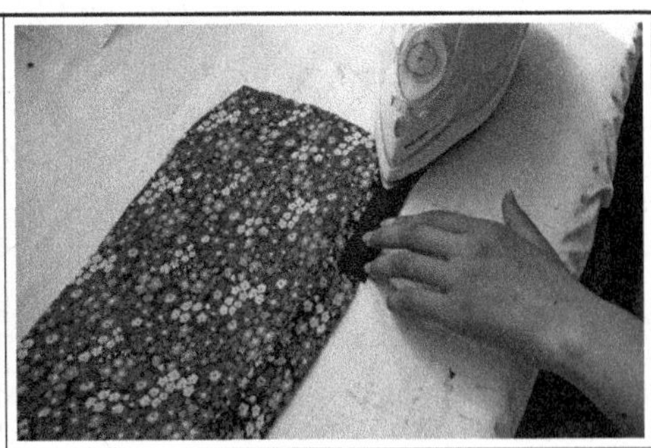
1. 工序名称：扣烫腰头缝边 工序编号：B1 使用设备：烫台 将第一节裙片腰上口的缝边折光，缝边宽度 1cm。折烫宽窄要一致，烫光的缝边要顺直，缝边不可拉伸。	2. 工序名称：扣烫腰头 工序编号：B2 使用设备：烫台 按腰头宽度折烫，腰头宽度可按橡筋宽度加 0.5cm 确定，使用净样板折烫，这样既方便又能确保折烫宽窄一致。净样板的宽度与腰头宽度一致。

续 表

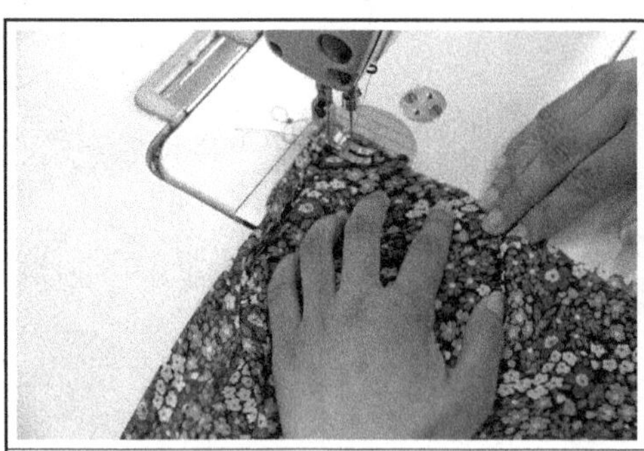	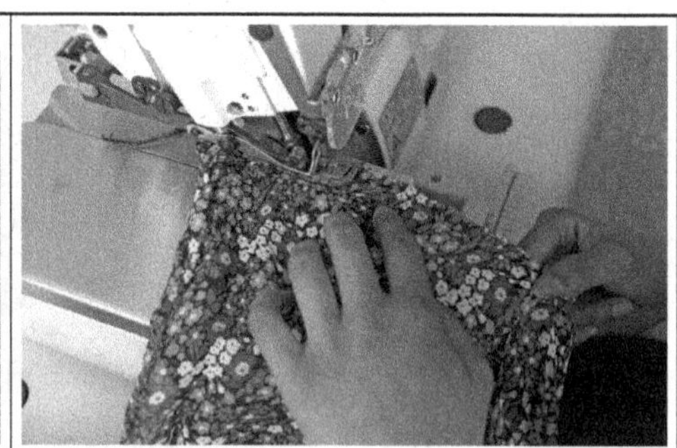
3. 工序名称：拼合侧缝 工序编号：B3, C1 使用设备：平缝机 将三节波西米亚裙裙片的侧缝分别拼合，使每一节裙片呈圆筒状。注意拼合第一节侧缝时，将折烫光的缝边掀开来再拼合，缝份 1cm 宽窄一致，起止两头倒回针加固，缉线顺直。	4. 工序名称：侧缝锁边 工序编号：B4, C2 使用设备：锁边机 因为锁边机上有缝边切割装置，车速过快，容易将缝边割掉。初学者应控制车速，并将缝边仔细对准缝边挡板，避免缝边被切割而影响成品规格。锁边缝迹有正反面，正反面缝迹将决定缝边倒向，为便于裙子底边使用卷边压脚卷边，所以侧缝应一正一反锁边。
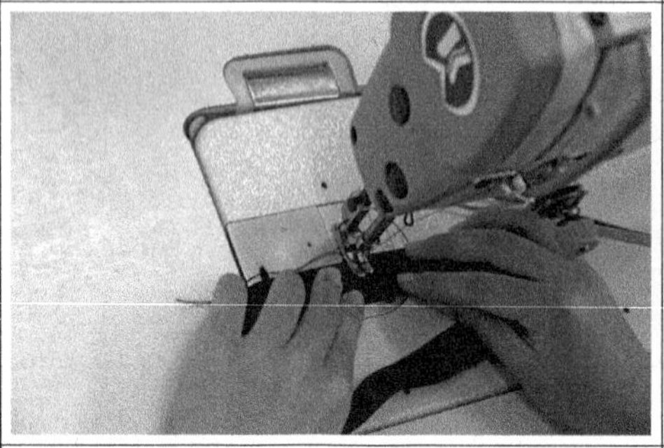	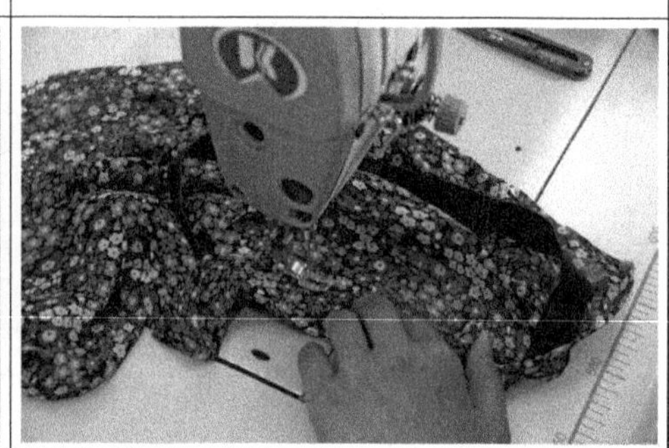
5. 工序名称：拼接橡筋 工序编号：A1 使用设备：平缝机 采用搭缝，将橡筋拼接成环状。搭缝缝份 0.7cm，要求倒回针 3 至 4 趟，防止脱线；拼接处宽度对齐且呈 180° 角。	6. 工序名称：装腰头橡筋 工序编号：B5 使用设备：平缝机 把橡筋夹在折烫好的腰里面，压缉 0.1cm 的止口缝合，切勿把松紧带缉住。 缝合时的操作手势为右手按住腰头缝边，控制住腰宽并使橡筋固定；左手中指与无名指适度卡住裙底底层，防止腰头起皱；注意侧缝缝边倒向，要求缝边向前倒，起止两头缝线重合 3cm，并倒回针加固。

续　表

<table>
<tr><td></td><td></td></tr>
<tr><td>7. 工序名称：第二、三、四节裙片抽碎褶
工序编号：C3
使用设备：平缝机、抽褶压脚
波西米亚裙每一节上都有碎褶，第一节因为装了橡筋，利用橡筋抽褶，所以不用抽褶；第二、第三节裙片上口需要先抽褶，然后节与节再拼接。先调好抽褶压脚的抽褶量，抽褶缝线距布边 0.7 到 0.8cm，反面朝上，缝边向前倒。右手中指抵在压脚后面，也能增加抽褶量。抽褶也可采用手工抽褶方式。</td><td>8. 工序名称：拼合第一、二节裙片
工序编号：B6
使用设备：平缝机
拼接时，将第一节裙片的下口与第二节裙片的上口拼合，叠放要求为第一节在上，第二节在下，正面叠合，这是因为第二节的上口抽有碎褶，放在下面容易在缝制时调节局部抽缩量。先对齐一边，侧缝开始缝，缝份 1cm，要求缉线顺直、对位准确、碎褶均匀；起止两头缝线重合 3cm 并倒回针加固。</td></tr>
<tr><td></td><td></td></tr>
<tr><td>9. 工序名称：拼接第二、三、四节裙片
工序编号：B6
使用设备：平缝机
操作要领与工艺要求与拼接第一、二节裙片相同，在拼合过程中，按对位剪口作上下裙片对位。</td><td>10. 工序名称：裙节缝锁边
工序编号：B7
使用设备：锁边机
锁边缝迹有正反面，缝迹正反面决定缝份倒向，裙节缝边要求往上倒，因此随便应以抽有细褶的裙片为正面。其余要求与侧缝锁边相同。</td></tr>
</table>

续 表

	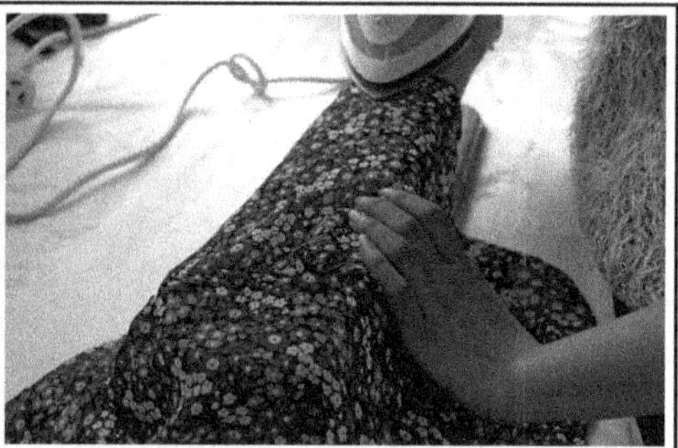
11. 工序名称：卷底边 工序编号：B8 使用设备：平缝机、卷边压脚 根据卷边宽度要求可选择不同规格的卷边压脚，本款裙子选择的是 0.5cm 宽度的卷边压脚，使用卷边压脚可大大提高缝制效率。初次使用者可先用废布试卷，熟悉其性能。	12. 工序名称：整烫 工序编号：B9 使用设备：烫台 裙子缝完后，修净线头，在烫台上进行成品整烫。整烫时注意：整烫部位的局部一定要放平整，才能压烫；细褶部位不可烫死；注意控制熨斗温度。
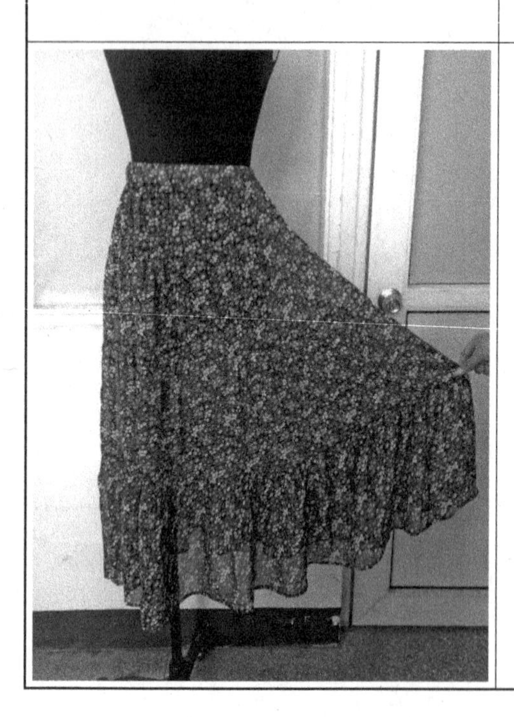	13. 成品图

项目二　时装裙

【项目描述】

学校文艺汇演，需要为演出者量身定制舞台服装（下装），并与已购服装（上装）进行搭配，进一步锻炼学生的整体造型设计能力。为此来学习时装裙的款式设计、结构制图和样衣制作。

【项目分析】

通过学习，了解牛仔裙、鱼尾裙、超短百褶裙的款式特点与款式变化，设计拓展裙子的款式，结合分析进行牛仔裙、鱼尾裙、超短百褶裙的结构设计，掌握制图原理与要点。最后完成一款裙装的工艺缝制，要求达到质量标准。

【项目目标】

1. 知识目标：了解时装裙的款式特点、结构特征。
2. 技能目标：通过款式分析，绘制时装裙的结构制图，掌握制图要点与技巧。
3. 情感目标：培养学生观察、收集和梳理时尚信息的能力，品味生活、陶冶情操，提高学生的动手操作能力、设计搭配能力。

【项目实施】

任务一 时装裙的款式设计

子任务 时装裙的设计要领

时装裙的常见形态有牛仔裙、鱼尾裙、超短百褶裙等。

时装裙的结构设计应强调便于人体活动，因此其板型较正装裙更为宽松；通过腰臀围及下摆比例的合理分配，使廓型自然且便于着装者休闲活动。在结构设计中运用横向或纵向、直线或曲线的分割处理，在款式变化的同时要求体现裙装穿着的各种功能特性。

（一）牛仔裙

1. 概念

牛仔裙是诸多裙装中修饰最少、穿着最随意的服装。它不受年龄限制，只要身材适中，配上一双中跟皮鞋或休闲鞋便可以“挺拔”地站出来。牛仔裙正是当今“简单就是美”的时尚的最佳诠释。

2. 特点

牛仔裙的风格总的来说是洒脱、随意、纯朴、自然的，它不仅使女性拥有一种妩媚，在飘逸之中透着沉稳，而且还充分展示了女性健康、坦荡的一面。不同年龄、不同身份的现代女性都能在牛仔裙中寻找到共同的语言——生命的活力和青春的洒脱。

3. 搭配

牛仔裙搭配范围广，无论你性格文静或活泼，均可选择一条称心如意的牛仔裙，除十分时装化的上衣和正规的职业装外，它都可以与之搭配。如背带牛仔裙，裙长及脚踝，随便搭配一款牛仔外衣或夹克或T恤，都能体现出闲适恬淡而又自由不羁的风格。再如丰腴又苗条的女孩，可以穿吊带牛仔裙，配一双系带凉鞋便是最时髦的打扮。高个子的女孩更适合穿富有乡野气息的双层裹裙，这种裙可以加腰褶，也可以不加，其围裹的方式也可以随意地摆在前身或后身，再穿上牛仔大衬衫将前摆打个活结就能给人一种脱俗的感觉。还有一种富有民族韵味的宽大散褶长裙，配上白色棉布衬衫，简洁中包含着纯朴的美，同样适合于各种体形和年龄的女性穿着。

4. 种类

牛仔裙种类有包臀牛仔裙（图 2-1-1）、开衩牛仔裙（图 2-1-2）、吊带牛仔裙（图 2-1-3）等。

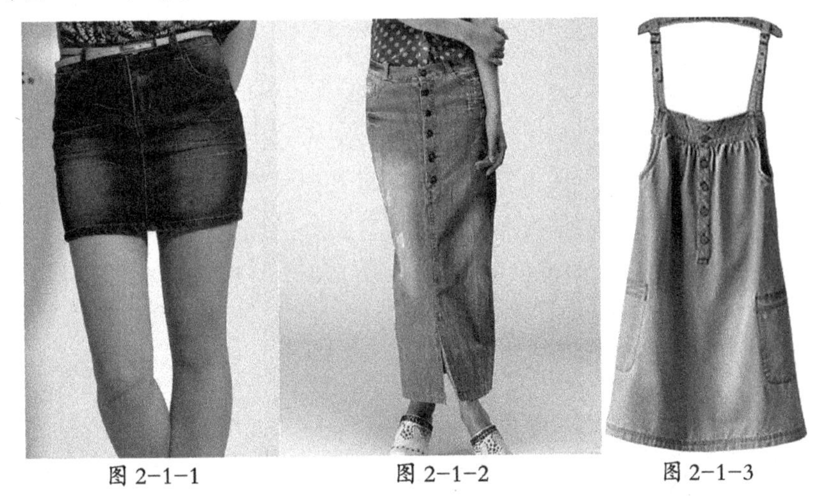

图 2-1-1　　图 2-1-2　　图 2-1-3

专家指点

变化设计：按裙摆、裙长、裙型来分。（图 2-1-4）

图 2-1-4

相关链接

牛仔面料种类有：①普通平纹（青年布）牛仔；②经向竹节平纹牛仔；③经纬竹节平纹牛仔；④普通斜纹牛仔；⑤经向竹节斜纹牛仔；⑥经纬竹节斜纹牛仔；⑦破卡斜牛仔；⑧提花牛仔。

（二）鱼尾裙

1. 概念

指裙体廓型呈鱼尾状的裙子。腰部、臀部及大腿中部呈合体造型，往下逐步放开，下摆展成鱼尾状。开始展开鱼尾的位置及鱼尾展开的大小根据个人需要而定。为了保证“鱼肚”的三围合体与“鱼尾”浪势的均匀，鱼尾裙多采用六片及以上的结构形式，如六片鱼尾裙、八片鱼尾裙及十二片鱼尾裙等。

2. 特点

鱼尾裙腰部流畅的裙身曲线和夸张的下摆，体现女性的妩媚和优雅。拖地鱼尾裙常作为礼服裙穿用。上可搭配堪夫绷灯笼袖衬衣或吊带衫加超短礼服夹克。及膝鱼尾裙则多用于通勤、商务酒会等场合，配穿女性化的针织衫、衬衣、通勤西服夹克等皆可。

3. 搭配

鱼尾裙是提升臀部轮廓的最佳方案，不要以为只有身材完美的人才能穿鱼尾裙，其实鱼尾裙合理的搭配反而可以修饰身材上的缺陷，对于清瘦型的身材来说，这种裙子的后摆在走动间能为臀围视觉营造出意想不到的效果。鱼尾裙适合苗条、身材比例、曲线较好的女性，不适合腰部赘肉较多、臀部过于丰满和下身不够修长的女性。

专家指点

变化设计：鱼尾裙的设计可从分割和装饰两个方面进行变化。

（1）分割变化：鱼尾裙的分割变化主要从纵向加量分割、横向和斜向分割及下摆两侧直线或弧线分割等三种形式来体现。纵向加量分割的设计是在原有单位裁片不变的前提下，拼缝时在下摆加入扇形裁片，使鱼尾部分摆度更大，且形成一个个突起的波浪裙褶，形成较强的立体感。横向和斜向分割的设计主要体现在腰部设计腰育克，形成腰育克与鱼尾裙的组合；或将裙身横向或斜向剖开，形成紧身裙与鱼尾裙下摆的组合等。下摆两侧直线或弧线分割的设计主要指将裙子的下摆两侧进行直线或弧线状的分割，保留中间的块面，下摆两侧的裙片和裙身的缝呈直角状或弧状。（图 2-1-5）

加量分割　　下摆两侧直线分割　　横向分割

图 2-1-5

（2）装饰变化：鱼尾裙的装饰变化可通过缉线、钉珠、饰边、刺绣、拼接等方式来体现。其装饰重点部位在腰部、裙摆、分割线等位置，如在裙身分割线或裙摆处缉明线、装饰花边或皮毛流苏饰带、钉珠管等；在裙身或裙角处运用规则或不规则的刺绣图案；在裙身上采用不同色彩质感的面料进行拼接。（图 2-1-6）

腰带饰　　缉线饰　　饰边装饰　　拼接设计

图 2-1-6

（三）超短百褶裙

1. 概念

百褶裙，现代也称“百裥裙”“密裥裙”或“碎折裙”。百褶裙是指裙身由许多细密、垂直的皱褶构成的裙子。该裙的每只裥距约在 2~4cm 之间，少则数百褶，多则上千褶。它美观，但制作比较复杂。（图 2-1-7）

2. 特点

百褶裙因其裙身上有规律的定型褶而得名。常出现在专业网球裙、学生制服裙以及通勤装束中，给人活泼动感的印象。与百褶裙搭配的上装可以是衬衣与羊毛背心，一身组合非常学生气。薄针织短衫与百褶裙搭配很女性化，吊带衫、紧身背格纹花呢夹克与之相配则有一派英伦风情。（图 2-1-8）

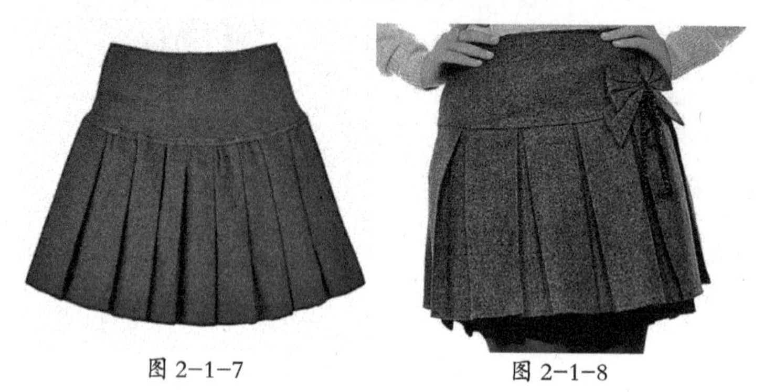

图 2-1-7　　图 2-1-8

3. 搭配

百褶裙不再是俏皮女生的专属，素色系、沉稳优雅感觉的百褶裙就很适合在办公室穿着，也适合追求时尚的白领。巧妙地运用颜色，达到上下统一的搭配方法，如渐变的条纹百褶裙搭配金色凉鞋，黑白条纹百褶裙搭配灰色蝴蝶结上衣，浅色系百褶及膝裙搭配荷叶边颜色衬衫。

（1）精致的蕾丝 + 荷叶边搭配柔和的粉色，淑女气质呼之欲出。飘逸的蓝色雪纺裙，体现优美的女性气质。

（2）巧妙地运用颜色，达到上下统一的搭配方法，非常值得借鉴。渐变的条纹百褶透出知性气质，金色凉鞋成为亮点。

（3）小公主袖非常甜美，黑色雪纺裙提升成熟感，让甜美的气质透过成熟的韵味散发。

（4）灰色蝴蝶结上衣搭配黑白条纹百褶裙，活泼的条纹打破灰色的沉闷，非常适合在办公室穿着。

4. 种类

在腰围处加上直线条的装褶，是活动性颇佳的裙子。有单向褶裙（百褶裙）、箱型褶裙以及在两侧装褶的裙子。（图 2-1-9 至图 2-1-11）

图 2-1-9　　图 2-1-10　　图 2-1-11

相关链接

历史上的百褶裙

百褶裙是彝族、苗族女性传统服装的一部分，用棉布或丝绸制作。

中国中原地带最晚在明朝开始有了“百褶裙”之称。在咸丰、同治时天津一带流行裙褶处能伸缩，展开状如鱼鳞的“鱼鳞百褶裙”。清朝李静山《增补都门杂咏》诗：“凤尾如何久不闻？皮绵单袷费纷纭。而今无论何时节，都着鱼鳞百褶裙。”

拓展训练

时装裙设计款式创新

分组学习，每组根据客户提供的成品照片进行讨论分析，说一说感受与体会，与同伴交流，并绘制几款时尚裙装的手稿。

训练 1：根据给定的款式（图 2-1-12），进行同类款式设计。

训练 2：为自己设计一款超短百褶裙。

训练 3：为某明星设计一款鱼尾裙、波浪裙。

图 2-1-12

任务二　时装裙的结构设计

子任务一　牛仔裙的结构设计

一、任务

完成此款牛仔裙的纸样设计。（图 2-2-1）

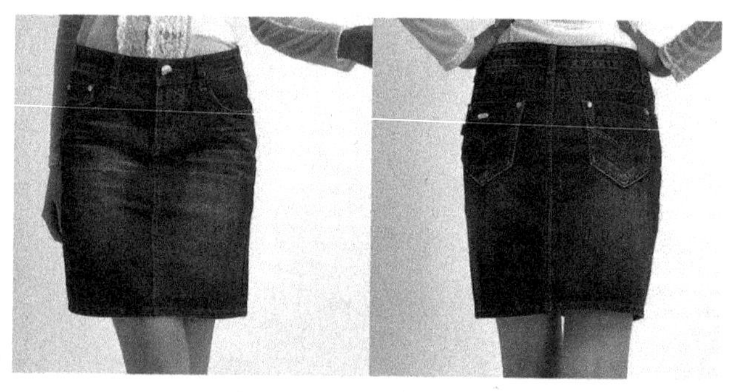

图 2-2-1

二、任务准备

材料：绘画图纸 36cm × 36cm。

设备：制板桌。

工具：专业打板尺、铅笔、橡皮、美工刀。

三、任务实施

（一）分析平面款式与特点

此款牛仔裙裙长较短，装弧形腰，裙腰位置略低于正常腰线。裙臀部贴身，臀围放松量为 0~2cm，裙摆平直，前中装门襟、里襟，配金属拉链，后中缝下端开衩，后片装两个贴装，缉装饰双线。（图 2-2-2）

图 2-2-2

（二）研究测量与规格

1. 测量知识

（1）裙腰围的放松量：裙腰围的放松量一般在 0~2 cm之间。

（2）裙臀围的放松量：裙臀围的放松量一般在 0~2 cm之间。

2. 牛仔裙成品号型规格参考（单位：cm）

部位＼规格	155/68	160/68	165/71	170/71
裙长	48	50	52	54
腰围	68	72	76	80
臀围	88	92	96	98

3. 制图规格（单位：cm）

号型	裙长	腰围	腰臀距	腰宽	臀宽
160/68A	50	72	18	3	92

（三）绘制裙片结构图（图 2-2-3）

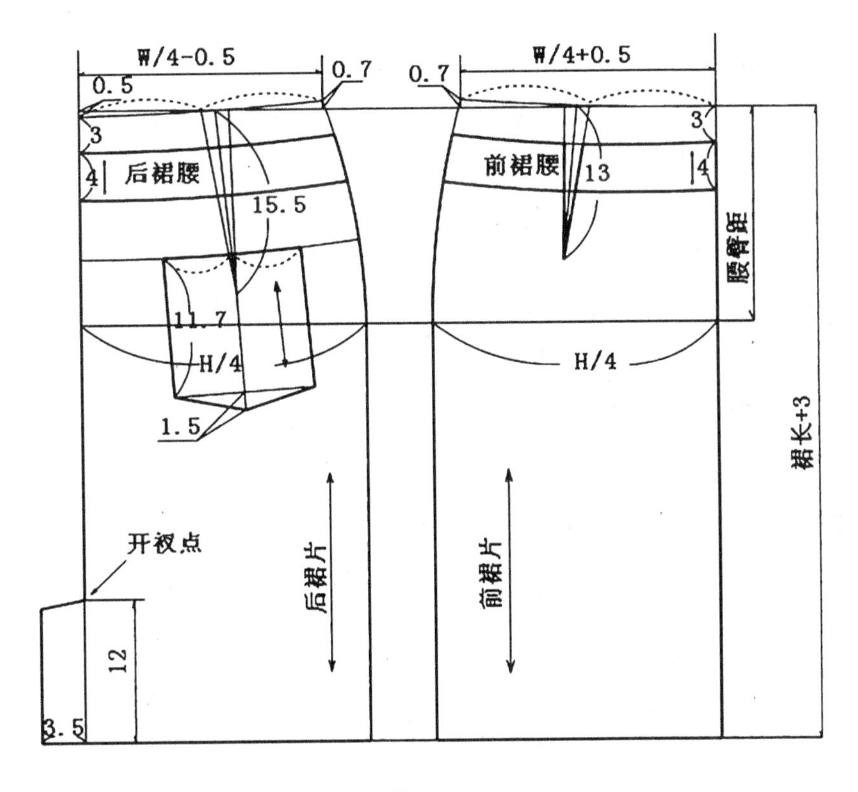

图 2-2-3

(四)配零部件等结构图

1. 门襟、里襟(图 2-2-4)

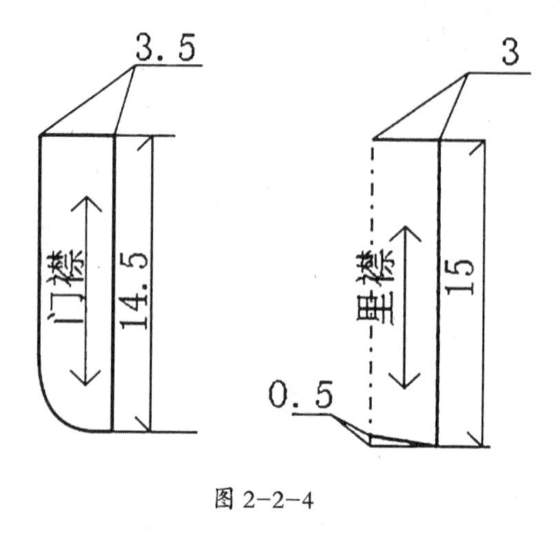

图 2-2-4

(五)牛仔裙放缝方法与打刀眼、做记号方法(图 2-2-5)

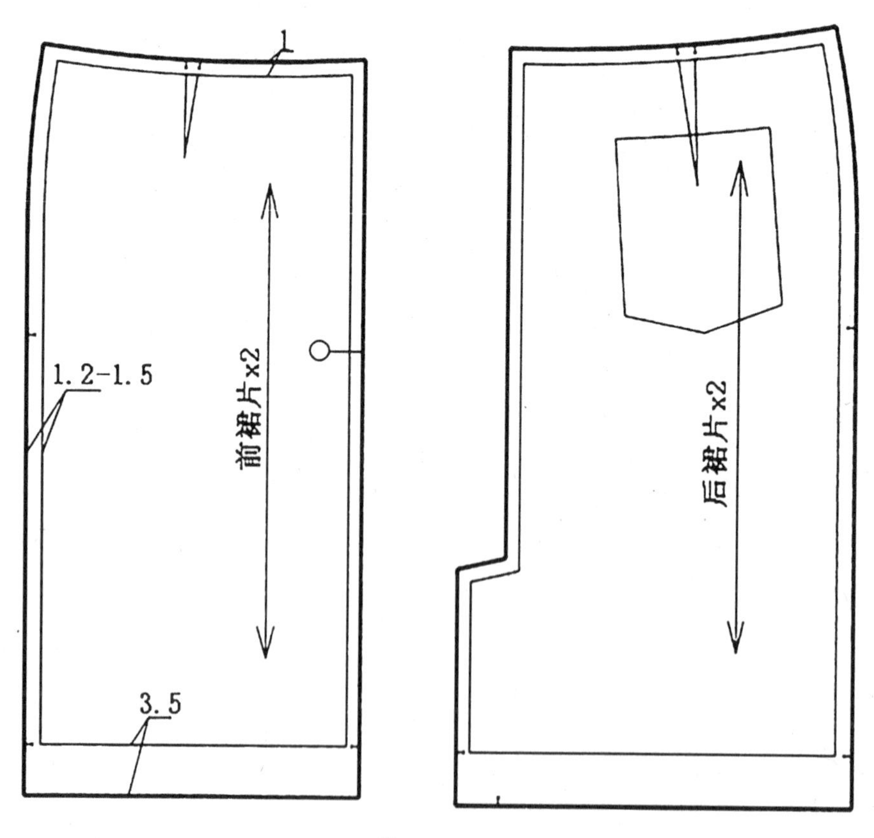

图 2-2-5

（六）其他辅料放缝图

1. 腰头（图 2-2-6）

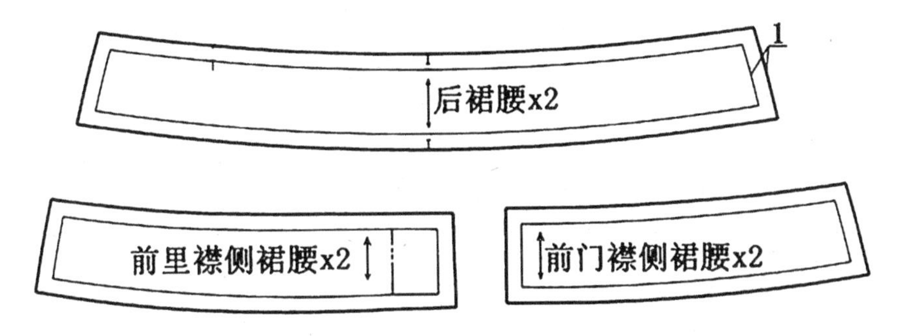

图 2-2-6

2. 后贴袋（图 2-2-7）

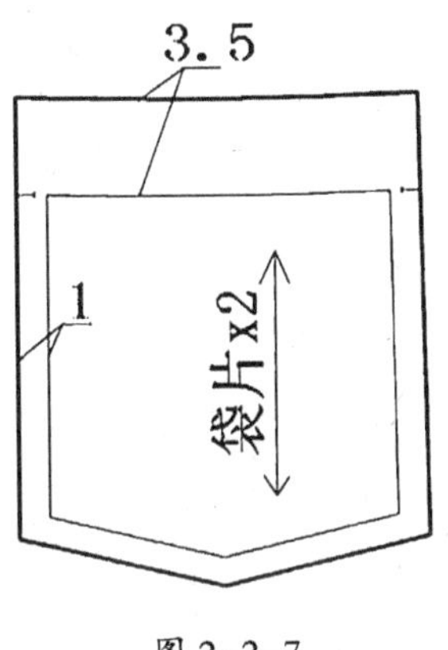

图 2-2-7

3. 门襟、里襟（图 2-2-8）

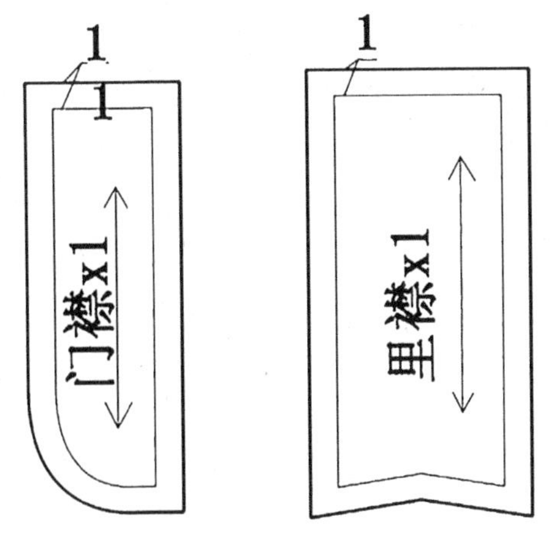

图 2-2-8

（七）牛仔裙样板名称及裁片数量

序号	种类	名称	数量（片）	备注
1	面料（主部件）	前裙片	1	
2	面料（主部件）	后裙片	2	
3	面料（零部件）	前裙腰	2	门襟侧裙腰二片，里襟侧裙腰二片
4	面料（零部件）	后裙腰	2	
5	面料（零部件）	门襟	1	一片
6	面料（零部件）	里襟	1	一片

四、任务评价

项目	权重分	细节要求	得分
牛仔裙的结构设计	5分	构图好，制图熟练规范	
	15分	公式标齐，注寸清楚，文字有标注	
	10分	轮廓线分明，图纸清晰	
	10分	直线顺直，弧线圆顺	
	10分	无遗漏的部位，符号标齐，完整性好	
	10分	零部件配齐，无遗漏	
	10分	放缝方法准确，有标注	
	10分	眼刀、钻眼位置准确，无遗漏	
	10分	裁片齐全，无遗漏	
	10分	样板上有纱向与文字标注并规范	
总分	100分		

五、任务总结

（1）此款为低腰造型，由于低腰裙的腰臀距需要由正常腰线裙装推算，因此仍采用中腰裙的腰臀距规格，然后根据款式设计的低腰量进行调整。

（2）牛仔裙是紧身造型的下装，前后片省道应长些。腰拼接后弧线需要进行修正。

六、拓展作业

完成一款自己喜欢的牛仔裙的结构设计。

子任务二　鱼尾裙的结构设计

一、任务

完成此款鱼尾裙的纸样设计。（图 2-2-9）

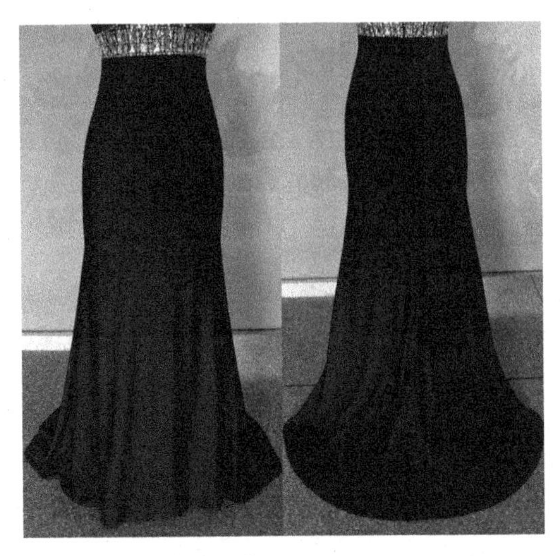

图 2-2-9

二、任务准备

材料：绘画图纸 36cm × 36cm。

设备：制板桌。

工具：专业打板尺、铅笔、橡皮、美工刀。

三、任务实施

（一）分析平面款式与特点

高腰，裙身较长，腰部至膝部贴身设计，充分勾勒出女性臀、腿部修长的体型曲线，膝围线以下裙摆突然绽开，形态飘逸，形同鱼尾，因此得名。本款式宜采用针织布之类有弹性且悬垂性好的材料，若使用非弹性材料，裙摆绽开位置应提高至臀部下方，或至少提高到大腿中部，否则行走会有困难。（图 2-2-10）

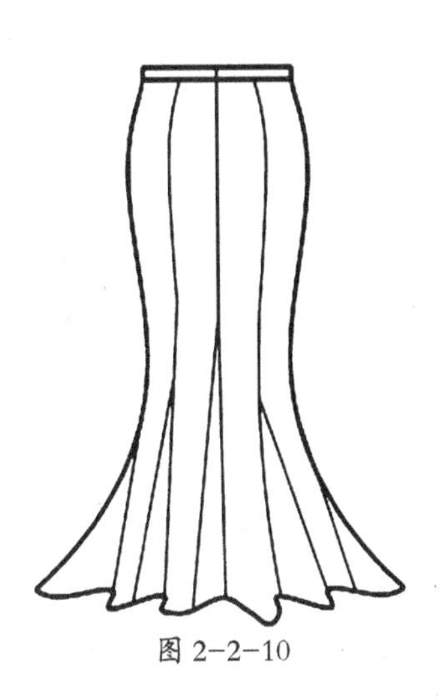

图 2-2-10

（二）研究测量与规格

1. 测量知识

（1）裙腰围的放松量：裙腰围的放松量一般在 0~2 cm之间。

（2）裙臀围的放松量：根据面料的厚薄确定褶量的松量。

2. 鱼尾裙成品号型规格参考（单位：cm）

部位＼规格	160/66	165/70	170/74	175/78	180/82
裙长	70	71.5	73	74.5	76
腰围	69	73	77	81	85
臀围	94	96.8	100	103.2	106.4

3. 制图规格（单位：cm）

号型	裙长	腰围	腰臀距	腰宽	臀围
160/64A	60	66	18	3	92

（三）绘制裙片结构图（图 2-2-11）

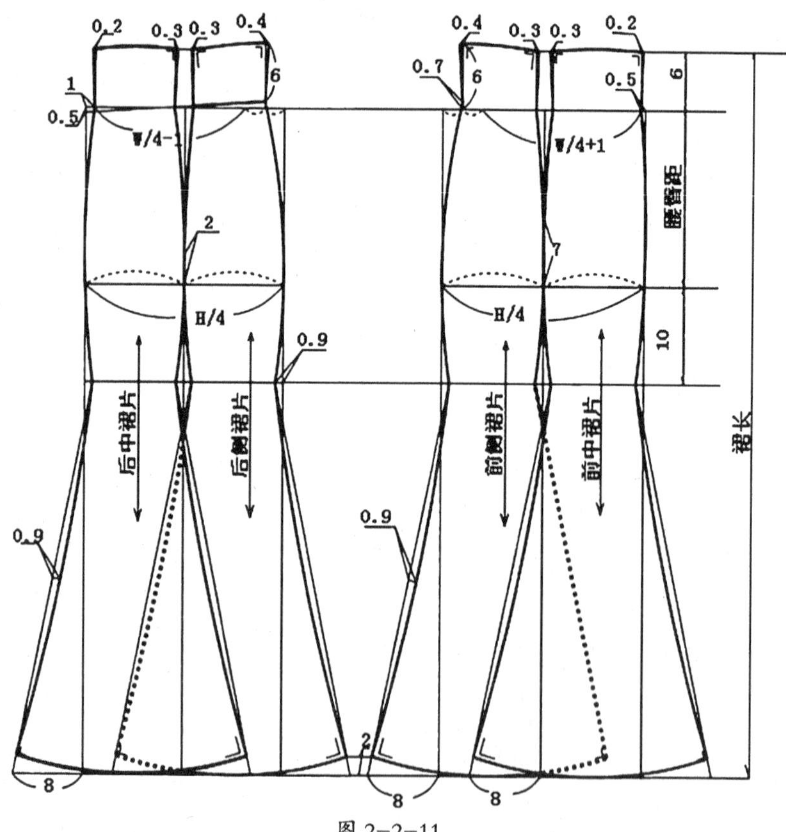

图 2-2-11

（四）鱼尾裙放缝方法与打刀眼、做记号方法（图 2-2-12）

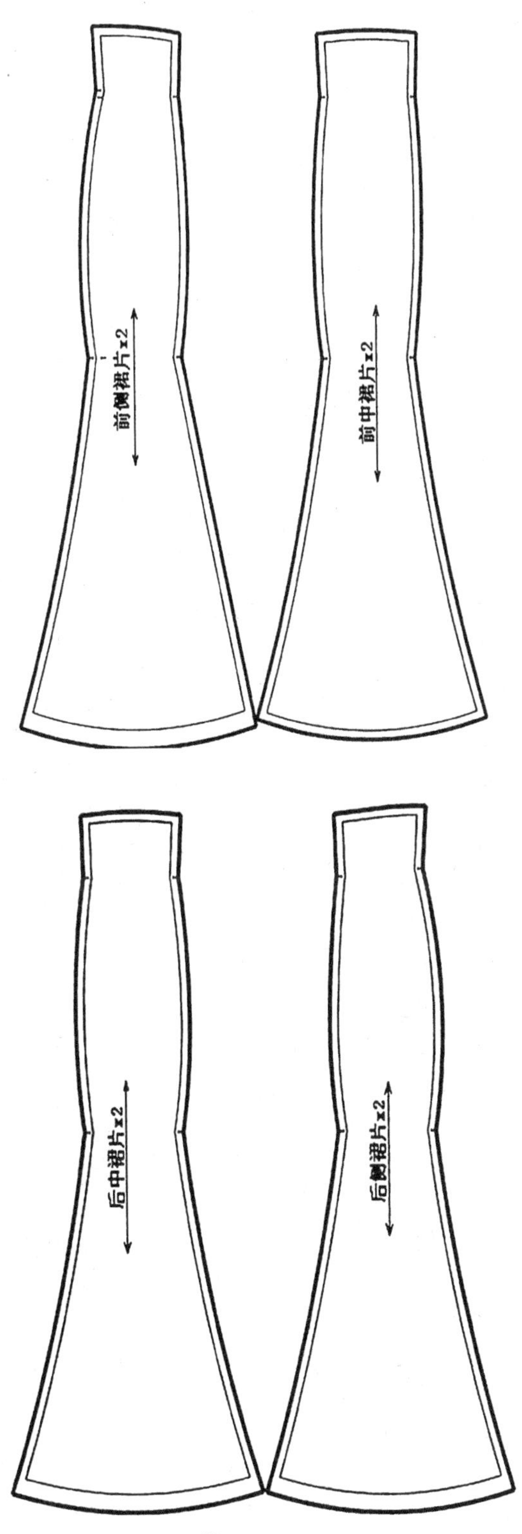

图 2-2-12

（五）其他辅料放缝图

1. 腰头（图 2-2-13）

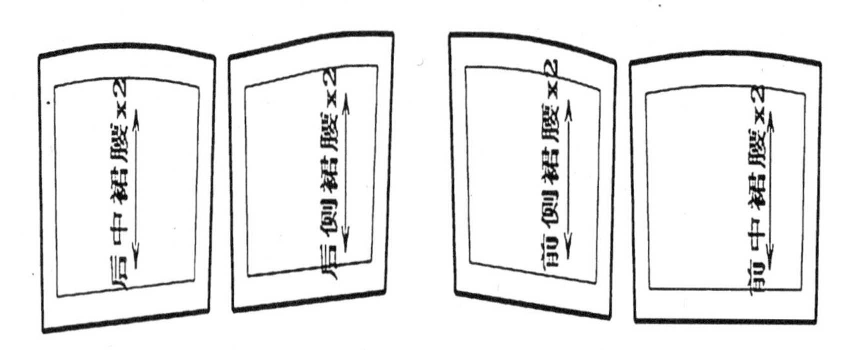

图 2-2-13

（六）鱼尾裙样板名称及裁片数量

序号	种类	名称	数量（片）	备注
1	面料（主部件）	前裙片	4	
2	面料（主部件）	后裙片	4	
3	面料（零部件）	前裙腰贴	4	
4	面料（零部件）	后裙腰贴	4	

四、任务评价

项目	权重分	细节要求	得分
鱼尾裙的结构设计	5 分	构图好，制图熟练规范	
	15 分	公式标齐，注寸清楚，文字有标注	
	10 分	轮廓线分明，图纸清晰	
	10 分	直线顺直，弧线圆顺	
	10 分	无遗漏的部位，符号标齐，完整性好	
	10 分	零部件配齐，无遗漏	
	10 分	放缝方法准确，有标注	
	10 分	眼刀、钻眼位置准确，无遗漏	
	10 分	裁片齐全，无遗漏	
	10 分	样板上有纱向与文字标注并规范	
总分	100 分		

五、任务总结

（1）本款鱼尾裙的下摆绽开点位于臀围线向下约10cm处。若绽开点位置高，则裙造型如同喇叭花；若绽开点位置低，则裙造型如同鱼尾。

（2）后片分割线的闭合位置较低，距臀围线约3cm，并呈胖省状态；前片分割线的闭合位置较高，距臀围线约7cm，并呈瘦省状态。

六、拓展作业

完成一款短款的鱼尾裙的结构设计。

子任务三　超短百褶裙的结构设计

一、任务

完成此款超短百褶裙的纸样设计。（图2-2-14）

图2-2-14

二、任务准备

材料：绘画图纸36cm×36cm。

设备：制板桌。

工具：专业打板尺、铅笔、橡皮、美工刀。

三、任务实施

（一）分析平面款式与特点

图 2-2-15

百褶裙是所有褶裥均向同一个方向折叠而形成有规则的褶饰裙，即单向褶裥裙。由于褶裥是活褶，并不缝死，因此静止时具有立体感，活动时具有韵律感。通过褶裥宽度改变及褶裥的裙摆与不做褶的腰臀部的组合，可组成多种造型。（图 2-2-15）

（二）研究测量与规格

1. 测量知识

（1）裙腰围的放松量：裙腰围的放松量一般为 0~2 cm。

（2）裙臀围的放松量：裙臀围根据面料的厚薄确定褶量的松量。

2. 超短百褶裙成品号型规格参考（单位：cm）

部位＼规格	155/62	160/66	165/70	170/74
裙长	43	45	47	49
腰围	64	68	72	76
臀围	88	92	96	100

3. 制图规格（单位：cm）

号型	裙长	腰围	腰臀距	腰宽	臀围
160 / 66A	45	68	18	3	92

（三）绘制裙片结构图（图 2-2-16）

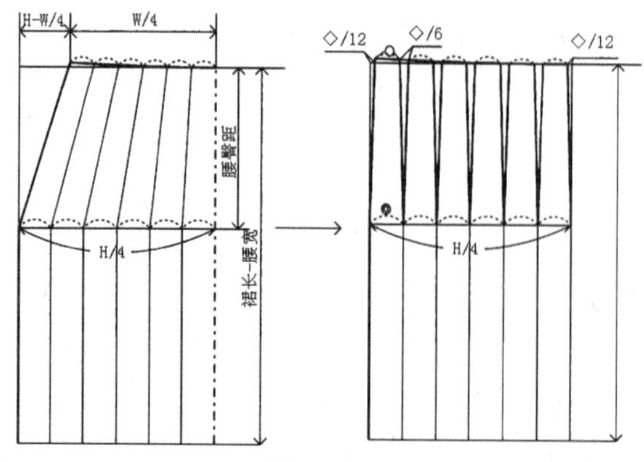

图 2-2-16

（四）超短百褶裙展开图（图 2-2-17）

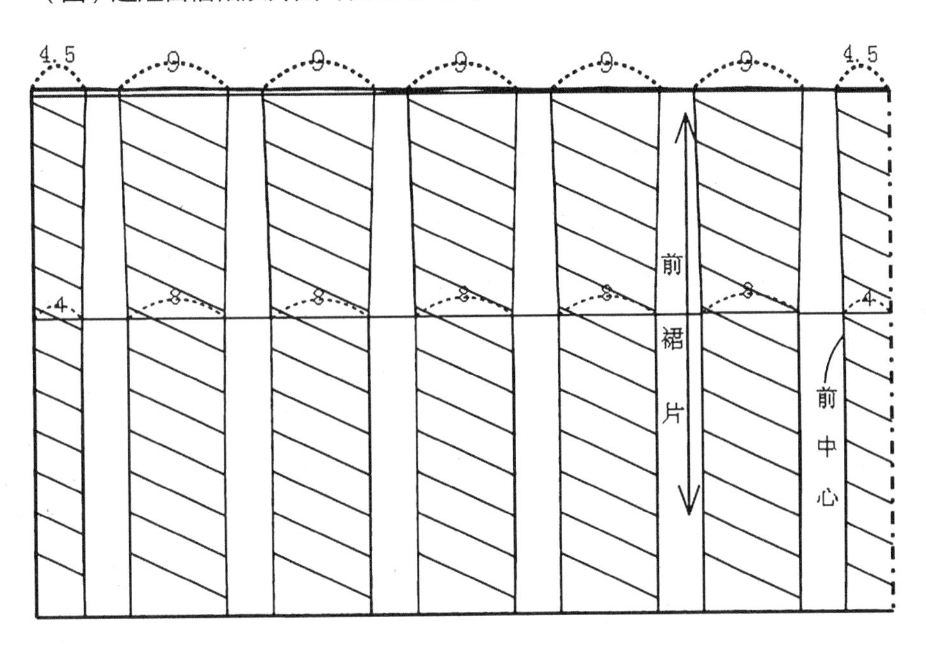

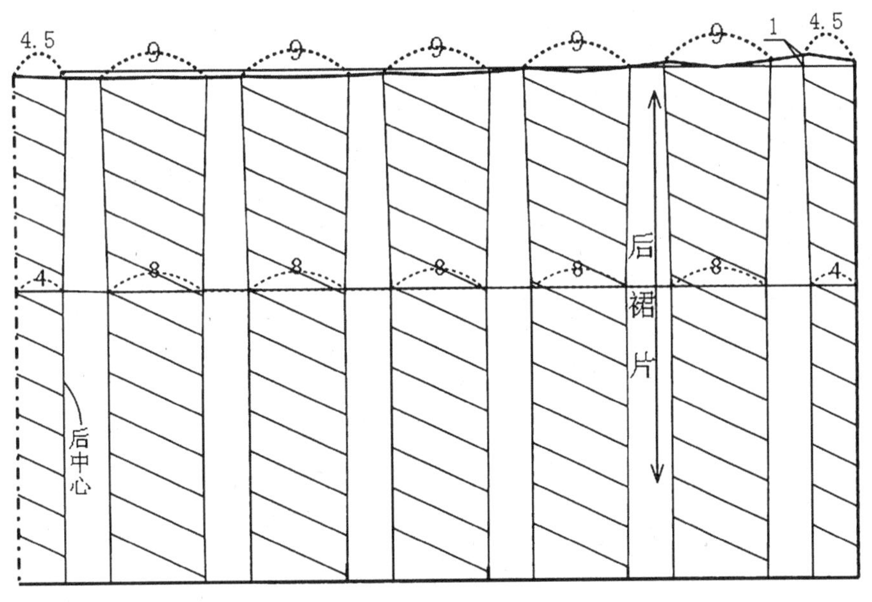

图 2-2-17

（五）腰放缝图（图 2-2-18）

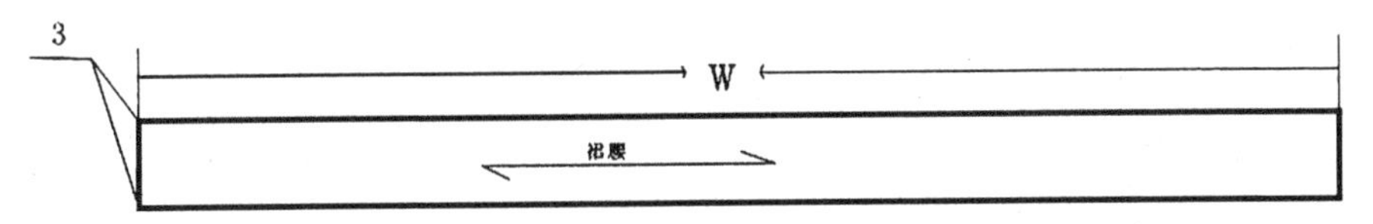

图 2-2-18

（六）超短百褶裙样板名称及裁片数量

序号	种类	名称	数量（片）	备注
1	面料（主部件）	前裙片	1	
2	面料（主部件）	后裙片	1	
3	面料（零部件）	裙腰	1	

四、任务评价

项目	权重分	细节要求	得分
超短百褶裙的结构设计	5 分	构图好，制图熟练规范	
	15 分	公式标齐，注寸清楚，文字有标注	
	10 分	轮廓线分明，图纸清晰	
	10 分	直线顺直，弧线圆顺	
	10 分	无遗漏的部位，符号标齐，完整性好	
	10 分	零部件配齐无遗漏	
	10 分	放缝方法准确有标注	
	10 分	眼刀、钻眼位置准确无遗漏	
	10 分	裁片齐全，无遗漏	
	10 分	样板上有纱向与文字标注并规范	
总分	100 分		

五、任务总结

超短百褶裙的裙型变化在保持外轮廓基本不变的前提下，对省道合并转移、分割等细节进行变化。

六、拓展作业

完成一款超短百褶裙的结构设计。（图 2-2-19）

图 2-2-19

任务三　时装裙的缝制工艺

子任务　牛仔裙的缝制工艺

（一）排料与裁剪

此款牛仔裙的缝制采用单件制作形式，其结构制图与放缝方法在本书已有详细介绍，以下将对该款牛仔裙的排料、裁剪和缝制等部分进行介绍。

1. 牛仔裙排料方法

牛仔裙排料采用幅宽相同、套排件数不同的两种方案。

方案一：采用单层单件排料方法。（图 2-3-1）

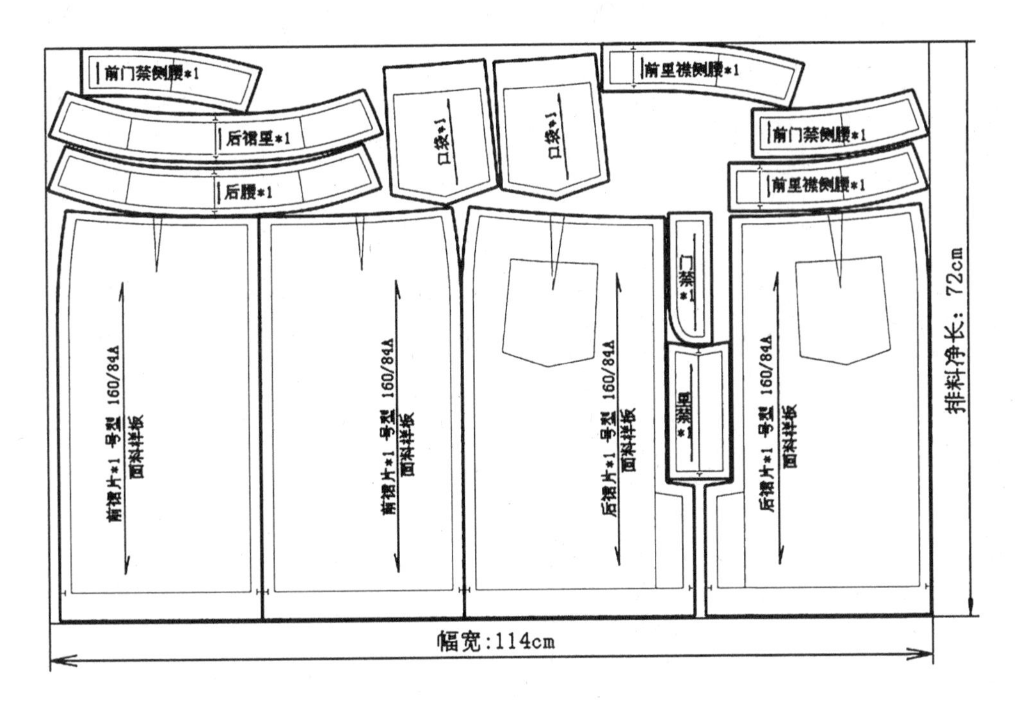

图 2-3-1

方案二：采用单层两件套排法。（图 2-3-2）

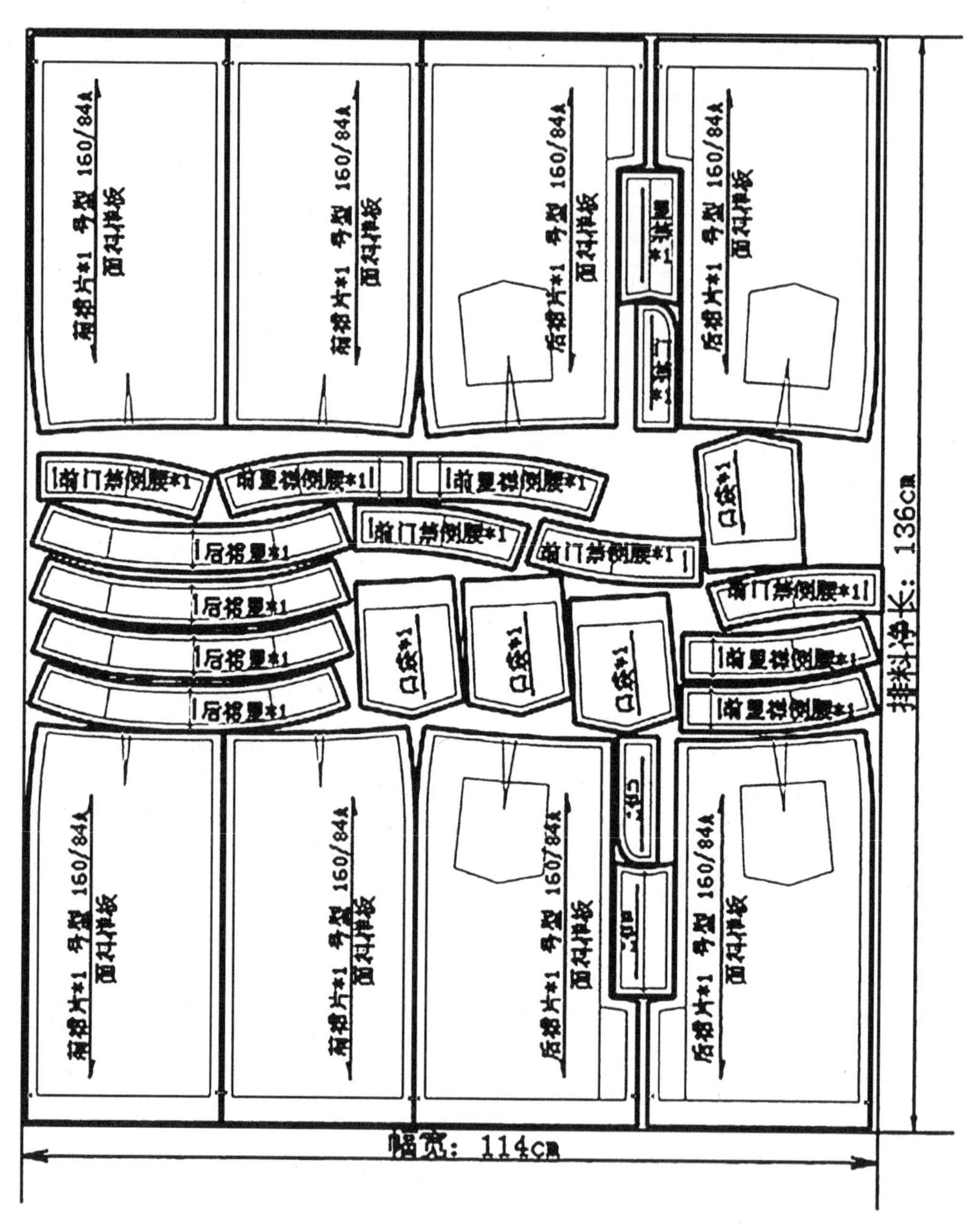

图 2-3-2

将上述两种相同幅宽、不同套排数的排料方法进行比较，可明显地看出套排的布料利用率要比单件排料高。因此，在批量服装生产场合只要面料质量允许都采用多件套排法，有关面料质量对于排料方案的制约问题，将在以后的内容展开讨论。

2. 裁剪

按确定的排料方案，可用划粉依照纸样在布料反面先划样，也可以将纸样用大头针别在布料上手工裁剪，要求丝缕端正，剪裁精确，并注意不要遗漏下列对位剪口和定位钻孔：

（1）前、后裙片腰口省位剪口，省尖钻孔（省尖钻孔须做在省内尖内侧 0.5cm 处，钻孔直径不超过 0.15cm）；

（2）前后裙片臀围线对位剪口；

（3）后裙片上的贴袋位置若不使用定位样板，须做定位钻孔；

（4）裙摆缝处卷边定宽剪口；

（5）后裙片开衩处定宽剪口；

（6）后腰面、里下口中点对位剪口。

（二）净样板制作

牛仔裙缝制过程中需要门襟缉线净样、后贴袋扣烫净样、后贴袋定位样板三块，其中后贴袋定位样板使用时只要将定位样板的上口与裙片腰口对齐，同时将定位样板的省位与裙片上已经缝合的省缝对齐即可用划粉沿 ABCD 做定位标记。

（三）辅料配置

拉链：长度 17cm，配色细牙铜拉链一条。

纽扣：直径为 20cm 的金属纽扣一颗。

单边压脚：本款牛仔裙装拉链需要使用单边压脚。

缉线定规：本款牛仔裙底边需缉宽 3cm 装饰性单明线、贴袋口需缉宽 2cm+0.6cm 的装饰性双明线，使用缉线定规能使缉线既漂亮又快捷。缉线定规是缝纫机上的附属装置，用来限定或指示缝料边缘或其他部位的缝距，使操作省力，缝线宽窄一致。图中压脚旁方形金属块是使用最方便的磁性缉线定规，变更缉线宽度时只要移动定规距机针的间距即可。

（四）工艺技术文件

1. 工艺技术文件的常见形式

<table>
<tr><td colspan="7">牛仔裙工艺单</td></tr>
<tr><td colspan="2">订单号：010012</td><td colspan="3">款号：N0817</td><td>数量：
1200 条</td><td>面料：3030/6868 全棉牛仔
交货日期：2013.12.30</td></tr>
<tr><td colspan="5">成品规格（单位：cm）</td><td colspan="2">工艺要求</td></tr>
<tr><td>规格
部位</td><td>155/68</td><td>160/68</td><td>165/71</td><td>170/71</td><td colspan="2" rowspan="10">缝线要求：
明线 14~15 针 /3cm，
暗线 13~14 针 /3cm。

1. 省道：按照纸样缝合省道。
2. 侧缝拼接顺直，锁边一上一下。
3. 门襟：按要求装门襟拉链。
4. 做腰：腰头正面缉线宽 3cm，反面 0.1cm，不可起涟。
5. 合侧缝 缝头均倒向后片，压0.1cm+0.6cm双明线。
6. 折烫底边：卷边宽 1.5cm，压明线，宽窄一致。
7. 缝纫针号：14#。
8. 锁边线一律配色。
不详之处参见实样或与技术科联系。</td></tr>
<tr><td></td><td></td><td></td><td></td><td></td></tr>
<tr><td>裙长</td><td>48</td><td>50</td><td>52</td><td>54</td></tr>
<tr><td>腰围</td><td>68</td><td>72</td><td>76</td><td>80</td></tr>
<tr><td>臀围</td><td>88</td><td>92</td><td>96</td><td>100</td></tr>
<tr><td></td><td></td><td></td><td></td><td></td></tr>
<tr><td></td><td></td><td></td><td></td><td></td></tr>
<tr><td></td><td></td><td></td><td></td><td></td></tr>
<tr><td></td><td></td><td></td><td></td><td></td></tr>
<tr><td></td><td></td><td></td><td></td><td></td></tr>
</table>

续　表

<table>
<tr><td colspan="9">牛仔裙工艺单</td></tr>
<tr><td colspan="6">色码搭配（单位：cm）</td><td>印绣花部位要求：</td><td colspan="2"></td></tr>
<tr><td>尺码
颜色</td><td>155/68</td><td>160/68</td><td>165/71</td><td>170/71</td><td>小计</td><td></td><td colspan="2"></td></tr>
<tr><td>深蓝色</td><td>100</td><td>100</td><td>100</td><td>100</td><td>400</td><td rowspan="5">裁剪要求：
1. 辅料每匹做间隔，按区分包，辅料层数不超过 140 层。
2. 面、底层误差≤ 0.3cm，剪口齐全。
3. 排料经斜允差≤ 2%。</td><td colspan="2"></td></tr>
<tr><td>浅蓝色</td><td>100</td><td>100</td><td>100</td><td>100</td><td>400</td><td colspan="2"></td></tr>
<tr><td>灰白色</td><td>100</td><td>100</td><td>100</td><td>100</td><td>400</td><td rowspan="3">锁钉要求</td><td rowspan="3">唛头说明：
1. 商标：金银花，钉在前左侧腰口商标帖上。
2. 尺码、洗唛钉在左侧缝距底边 15cm 处。</td></tr>
<tr><td></td><td></td><td></td><td></td><td></td><td></td></tr>
<tr><td></td><td></td><td></td><td></td><td></td><td></td></tr>
<tr><td colspan="6">整烫包装要求：
整烫：熨烫温度 170%，细褶不可烫死，不可有污渍，不可出现极光烫痕。
包装：折叠规格 33cm × 23cm，一件一胶袋，独色混码装箱；吊牌 / 备扣袋用塑料套针穿于尺码唛上。</td><td>用衬部位</td><td></td><td>辅料说明：
3cm 宽全棉橡筋。
线：配色 603 涤棉线。</td></tr>
</table>

2. 生产通知单示例

生产通知单					
款号	3018340 长裤	合同数	5000 条	生产数	5035 条
面料	2020/108×58 牛仔	面料色数	5 种	投产日期	2013.11.03
				完工日期	2013.11.23

规格 数量 颜色	34	36	38	40	42	44	46	小计
白色	92	92	184	274	184	92	92	1010
浅蓝	92	92	184	274	184	92	92	1010
深蓝	92	92	184	274	184	92	92	1010
浅棕	92	92	184	274	184	92	92	1010
米色	92	92	184	274	184	92	92	1010
小计	460	460	920	1370	920	460	460	5050

辅料配备情况：			
用线	拉链	商标	洗涤标志
603 配色涤棉线	粗牙铜头配色	客供	客供
吊牌			
客供			

生产部门		折叠包装要求	
		长度三折 每条一胶带，每色一大胶袋	
		装箱搭配	混色混码 55/ 箱

备注： 面料单耗：0.92m		34	36	38	40	42	44	46	
	白色	1	1	2	3	2	1	1	
	浅蓝	1	1	2	3	2	1	1	
	深蓝	1	1	2	3	2	1	1	
	浅棕	1	1	2	3	2	1	1	
	米色	1	1	2	3	2	1	1	

制单人		制单日期		签发人		签发日期	

（五）确定工序

牛仔裤缝制工艺流程图（图 2-3-3）

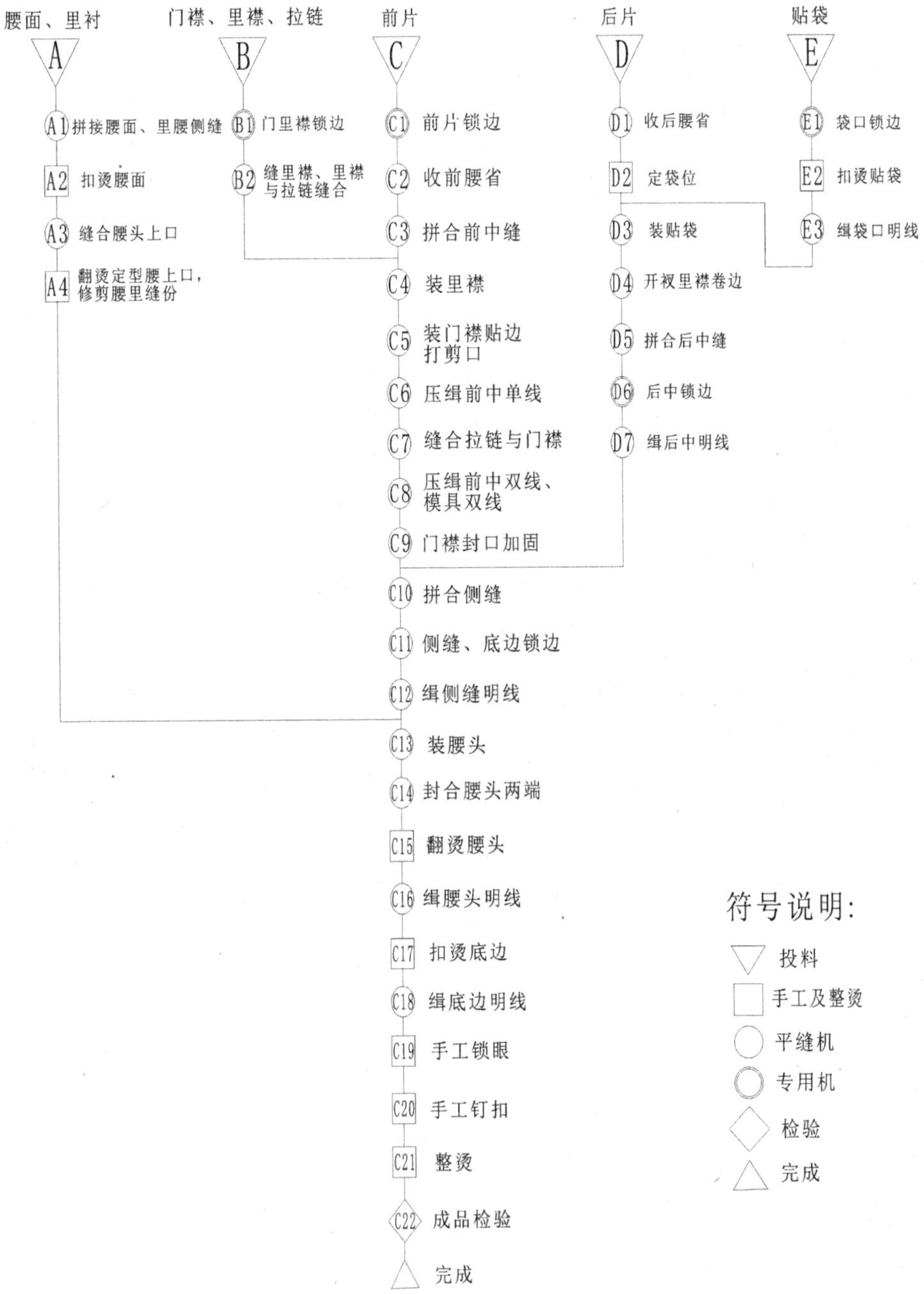

腰面、里衬　A
A1 拼接腰面、里腰侧缝
A2 扣烫腰面
A3 缝合腰头上口
A4 翻烫定型腰上口，修剪腰里缝份

门襟、里襟、拉链　B
B1 门里襟锁边
B2 缝里襟、里襟与拉链缝合

前片　C
C1 前片锁边
C2 收前腰省
C3 拼合前中缝
C4 装里襟
C5 装门襟贴边打剪口
C6 压缉前中单线
C7 缝合拉链与门襟
C8 压缉前中双线、模具双线
C9 门襟封口加固
C10 拼合侧缝
C11 侧缝、底边锁边
C12 缉侧缝明线
C13 装腰头
C14 封合腰头两端
C15 翻烫腰头
C16 缉腰头明线
C17 扣烫底边
C18 缉底边明线
C19 手工锁眼
C20 手工钉扣
C21 整烫
C22 成品检验
完成

后片　D
D1 收后腰省
D2 定袋位
D3 装贴袋
D4 开衩里襟卷边
D5 拼合后中缝
D6 后中锁边
D7 缉后中明线

贴袋　E
E1 袋口锁边
E2 扣烫贴袋
E3 缉袋口明线

符号说明:
▽ 投料
□ 手工及整烫
○ 平缝机
◎ 专用机
◇ 检验
△ 完成

图 2-3-3

（六）缝制方法与要领

根据缝制工艺流程，牛仔裙的缝制要领步骤介绍如下：

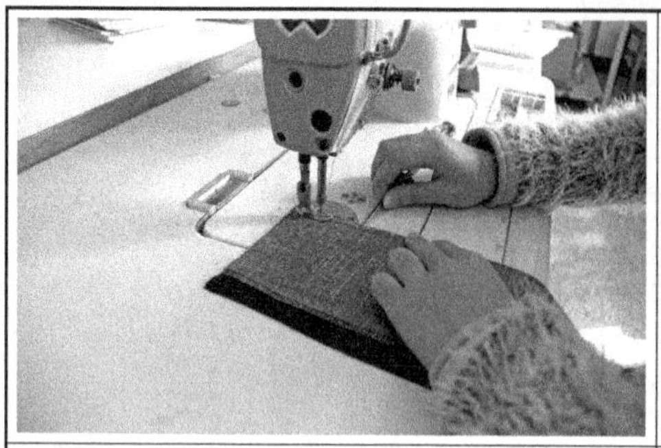	
1. 工序名称：缝合省道（包括后裙片） 工序编号：B1 使用设备：平缝机 如图所示，以省尖为定点，将省道对称折叠后缝合。要求缝线顺直，后料的场合省尖处可缝倒回针；薄料的场合不宜缝倒回针，可缝过省尖后空缝几针保留较长线头，引致反面打结，这样能使省尖处形态更自然圆顺。	2. 工序名称：拼合前中缝 工序编号：C3 使用设备：平缝机 因为前中缝上端要装拉链，前中缝的拼合应从拉链开衩缝止点至底边。要求缝份 1cm，宽窄一致，缝线顺直。
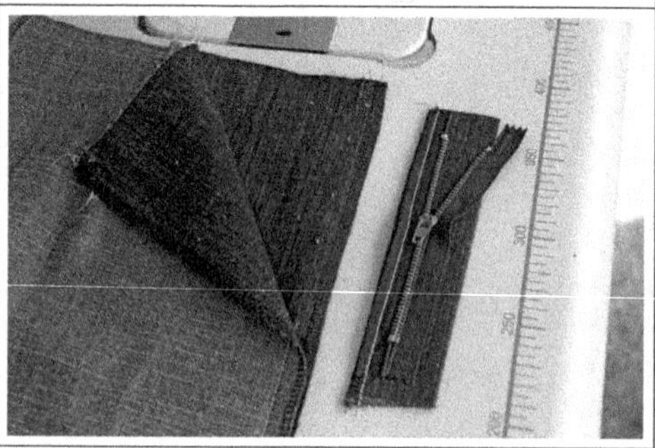	
3. 工序名称：前片锁边、缝里襟、里襟与拉链缝合 工序编号：C1，B2 使用设备：平缝机 本款前中缝锁边的方法比较特殊，要求开衩缝止点以上两层分别锁边，缝止点以上两层一起从底边往上锁边，上下两端锁边应有约 3cm 的重叠，重叠须位于缝止点下方。将里襟按要求缝合，在里襟内侧锁边后，按图示将拉链缝在里襟上。注意里襟的背面锁边针迹应为正面；拉链净长应比开衩部位毛边长短 3cm，拉链的上封口应低于腰口毛边 1.5cm，下封口应高于开衩缝止点 1.5cm。	4. 工序名称：装里襟 工序编号：C4 使用设备：平缝机、单面压脚 使用单面压脚，采用压缉缝，如图所示，将里襟装在裙片开衩位置的左侧上。要求裙片与里襟松紧一致，封边距齿边 0.3cm，缉线宽度 0.1cm，明显压缉至开衩缝止点。

续　表

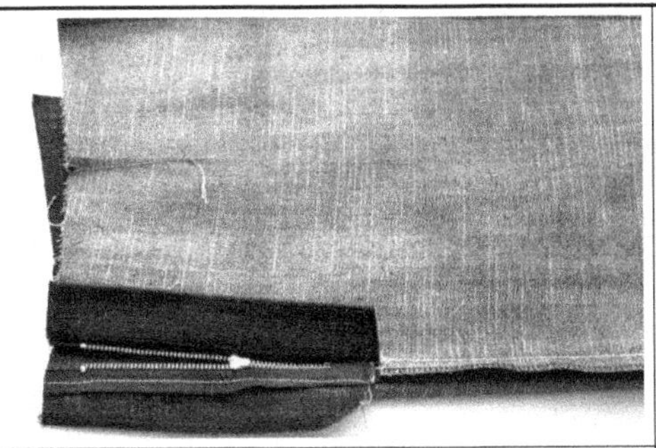	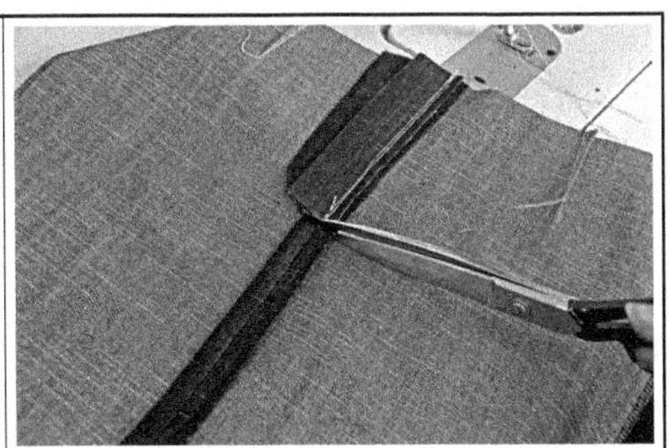
5. 工序名称：装门襟贴边 工序编号：C5 使用设备：平缝机 如图所示，将锁边后的门襟贴边用合缝装在裙片开衩位置的右侧点，注意装门襟贴边的缝线应与裙片前中缝拼合缝线顺畅连接。	6. 工序名称：前中缝打剪口 工序编号：C5 使用设备：剪刀 掀开里襟下端，如图所示，在里襟侧的前中缝上打 1 个剪口，这样可使剪口上下的封边倒向不一。打完剪口后，将剪口下方的前中缝向左折倒，再将掀起的里襟下端盖住剪口，以便下一步压缉前中缝。
	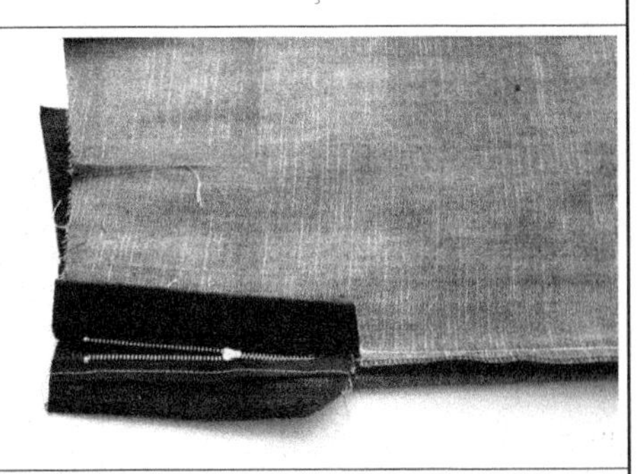
7. 工序名称：压缉前中单线 工序编号：C6 使用设备：平缝机 本款牛仔裙选用土黄粗线作装饰性明线（底线仍为配色细线）。因为线粗，反差又大，所以明线不允许有连接痕迹。 为此前中明线可按下述方法压缉：（1）预留较长的底、面线线头，从开衩缝止点压缉明线至腰口，然后将预留的线头引到反面打结；（2）从底摆压缉明线至开衩缝止点，要求正好与上一段明线对接，同样预留较长线头并引到反面打结，使得前中线表面没有连接痕迹；（3）缉线宽 0.15cm。 注意：因为面线粗、底线细，需要调整底面线张力，缝线反面不允许露出土黄色面线。	8. 工序名称：缝合拉链与里襟 工序编号：C7 使用设备：平缝机、单面压脚 将拉链的另一端按图示要求与门襟贴边双线缝合。拉链上端比下端偏进约 0.7cm，是为了拉链闭合后，门襟能盖住拉链锁头。

续 表

<table>
<tr><td>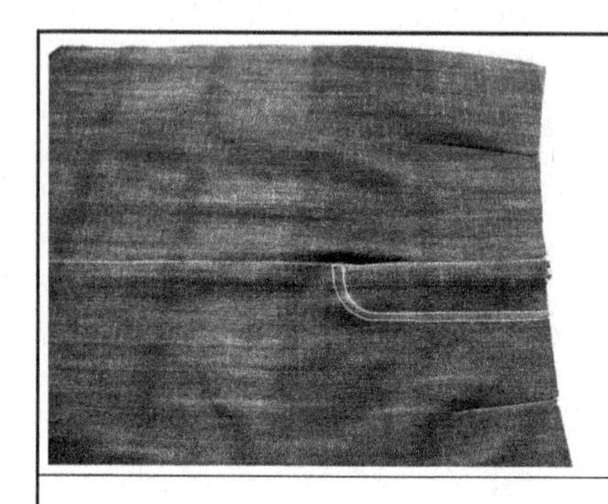</td><td>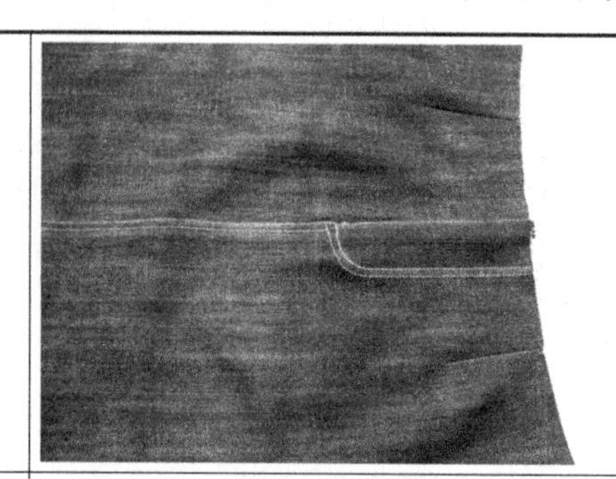</td></tr>
<tr><td>9. 工序名称：压缉前中双线、门襟双线
工序编号：C8
使用设备：平缝机
在第 7 步骤已经压缉的 0.15cm 单线基础上再加压一条平行的线距为 0.6cm 的明线（以后此类双线称 0.15cm+0.6cm 双线）；同时压缉双线将门襟贴边与裙片缝合，双线的内线从开衩缝止点按图示形状缝至腰口，距门襟边缘 3cm, 外线与内线平行，线距 0.6cm。</td><td>10. 工序名称：门襟封口加固
工序编号：C9
使用设备：平缝机
在图示位置进行封口加固。可用倒回针加固或用专门的套结机加固。因为本书尚未介绍套结机，所以可以用倒回针封口加固。使用配色细线封口比较方便，可在指定位置挨着黄色缉线回针加固。若用黄色粗线，可在指定位置重叠于缉线上回针加固，但须将线头引至反面打结。</td></tr>
<tr><td></td><td>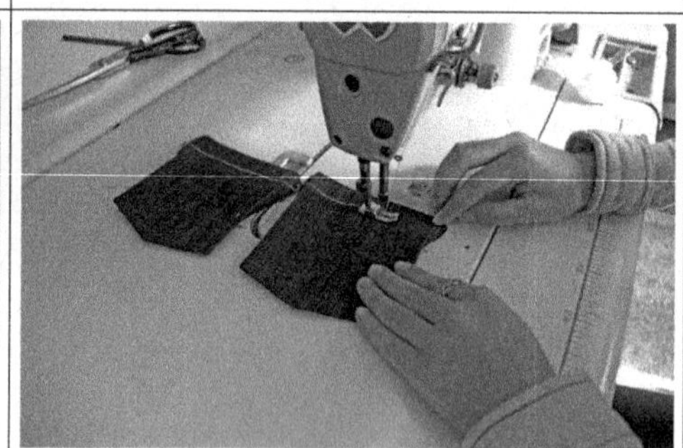</td></tr>
<tr><td>11. 工序名称：袋口锁边（图略）
工序编号：E1
使用设备：锁边机

12. 工序名称：扣烫贴袋
工序编号：E2
使用设备：烫台
使用贴袋净样板，先将已经锁边的袋口贴边折转 2.5cm 扣烫，然后如图所示扣烫贴袋。</td><td>13. 工序名称：缉袋口明线
工序编号：E3
使用设备：平缝机、缉线磁规
使用缉线磁规，缉袋口装饰双明线，第一条缉线距袋口 2cm, 第二条距第一条 0.6cm。</td></tr>
</table>

续　表

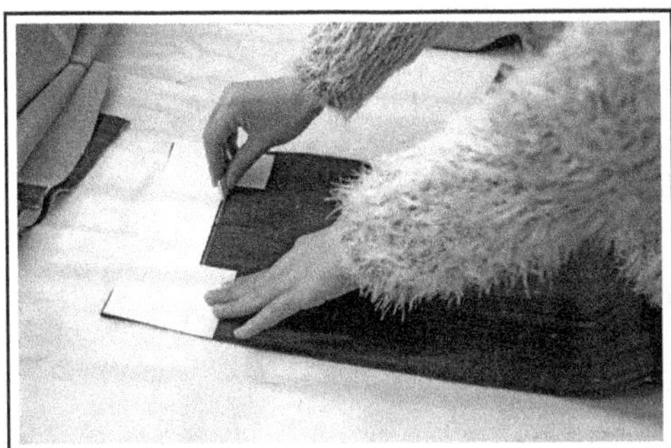	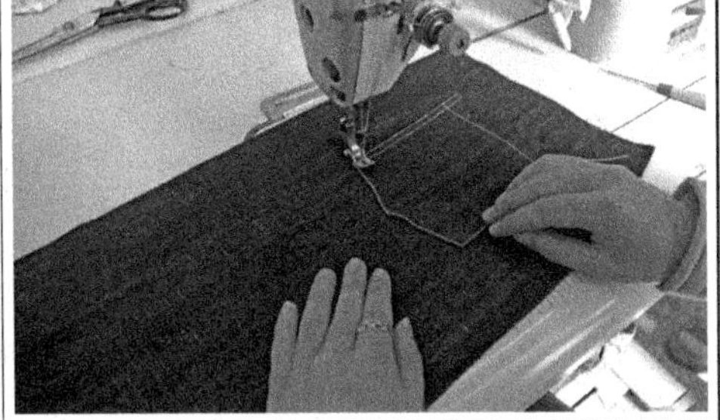
14. 工序名称：定袋位 工序编号：D2 使用设备：烫台 使用如图所示的定位样板，在后裙片上用划粉轻轻点出贴袋位置。在批量生产中，若裙片上已经有贴袋的钻孔记号，本步骤可以省略。	15. 工序名称：装贴袋 工序编号：D3 使用设备：平缝机 装贴袋用 0.15cm+0.6cm 双线。要求贴袋端正、左右贴袋对称；缉线整齐，上下层松紧一致。
	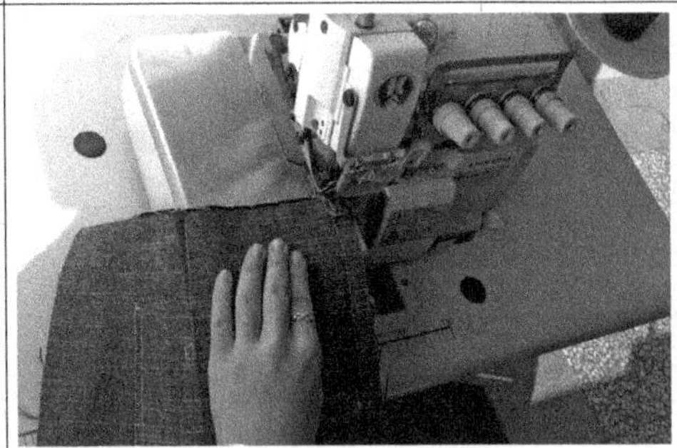
16. 工序名称：拼合后中缝 工序编号：D5 使用设备：平缝机 缝份 1cm，从腰口缝至开衩口。注意因为里襟已经卷光，所以开衩口里襟光边与门襟毛边相距 1cm。	17. 工序名称：后中锁边 工序编号：D6 使用设备：锁边机 从腰口至开衩口双层锁边，开衩口拐弯后在门襟贴边上单层锁边。底边与侧缝暂时不锁边。其余要求与塔裙侧缝锁边相同。
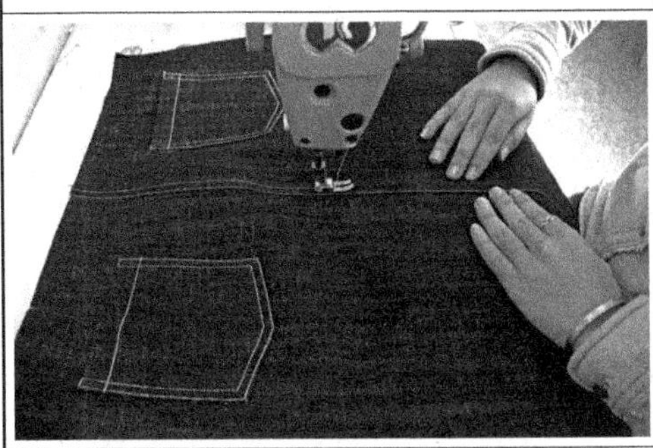	
18. 工序名称：缉后中明线 工序编号：D7 使用设备：平缝机 缉后中明线的方法和要求与缉前中明线相同。	19. 拼合侧缝 工序编号：C10 使用设备：平缝机 拼合前后片侧缝，注意上下层松紧一致，缝线顺直。

续 表

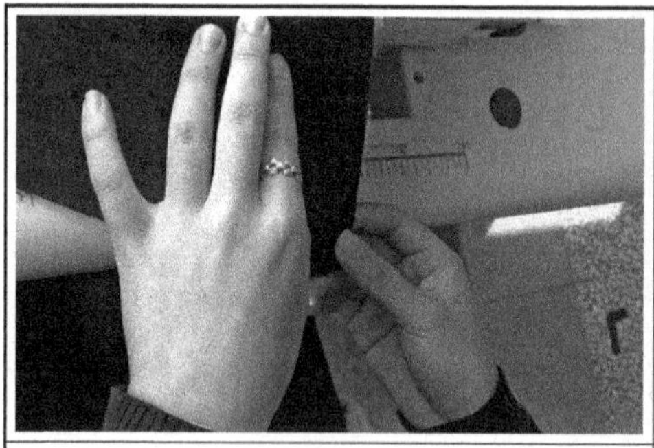	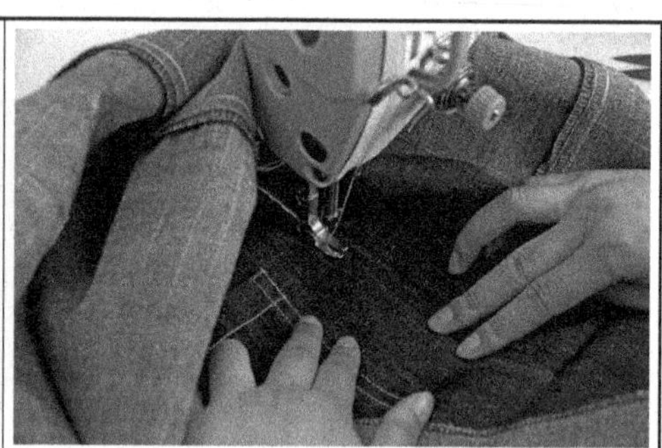
20. 工序名称：侧缝、底边锁边 工序编号：C11 使用设备：锁边机 注意侧缝锁边有正反面要求，如图所示一侧从上往下锁，另一侧从下往上锁；底边锁边时要求侧缝缝边都往后中倒，这样可使侧缝锁边的缝迹正面在上。其余要求与塔裙侧缝锁边相同。	21. 工序名称：缉侧缝明线 工序编号：C12 使用设备：平缝机 侧缝压缉 0.1cm+0.6cm 装饰性双明线。 反面缝边倒向后中，明线压缉在后片侧缝上，要求缉线顺直，不允许断线或有连接的痕迹。
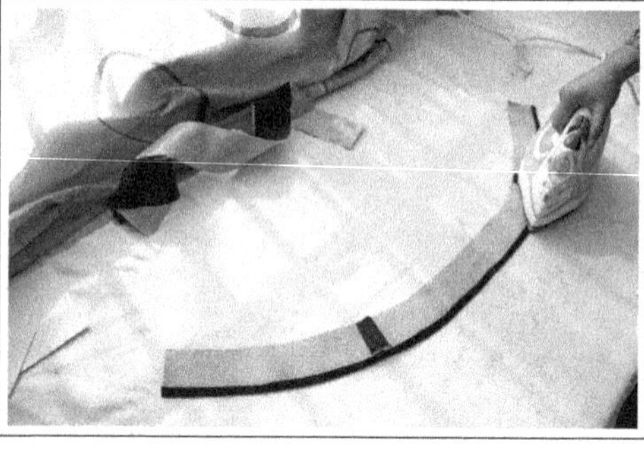	
22. 工序名称：拼接腰面、腰里侧缝 工序编号：A1 使用设备：平缝机 将腰面布与腰里布的侧缝分开拼合。	23. 工序名称：缝合腰头上口 工序编号：A3 使用设备：平缝机 如图所示，将腰面布与腰里布的上口缝合。缝合时要注意将腰里布的侧缝缝边分开，面、里的侧缝要对齐。

续 表

<table>
<tr><td>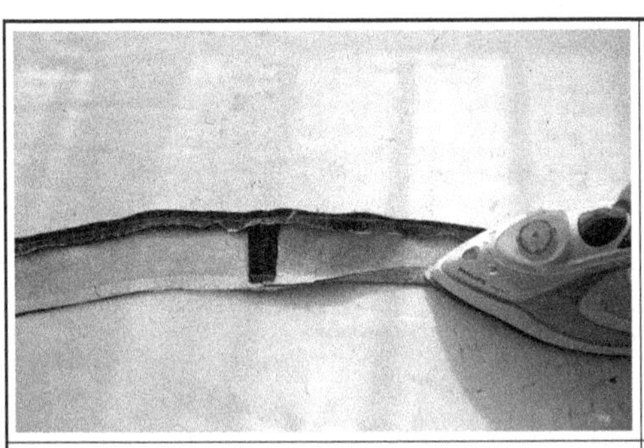</td><td>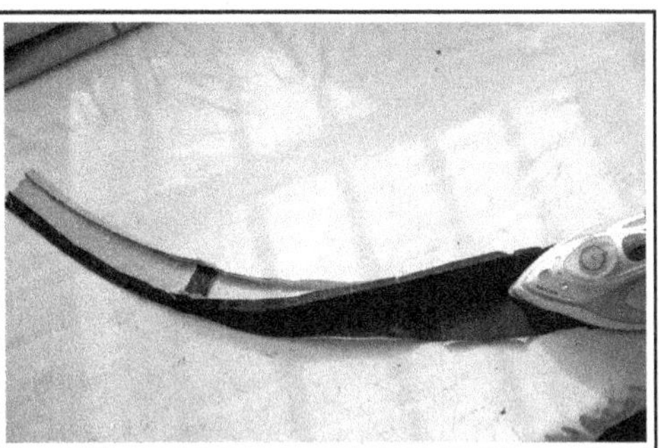</td></tr>
<tr><td>24. 工序名称：扣烫腰面
工序编号：A2
使用设备：烫台
如图所示，将已经侧缝拼合的腰面布下口缝边扣烫光，缝边折倒 1cm，顺便将腰面布侧缝分缝。</td><td>25. 工序名称：翻烫定型腰上口、修剪腰里缝份
工序编号：A4
使用设备：烫台
牛仔布很厚，而且又是扇环形腰头，腰上口翻烫定型会比较困难，因此可按图示，先在反面将腰口缝边沿缝线向腰面方向烫倒；然后再在正面熨烫定型，要求腰口里外均匀整齐；最后保留 1cm 缝份，按腰面下口光边修剪腰里下口毛边，并在腰里后中做对位剪口。</td></tr>
<tr><td></td><td>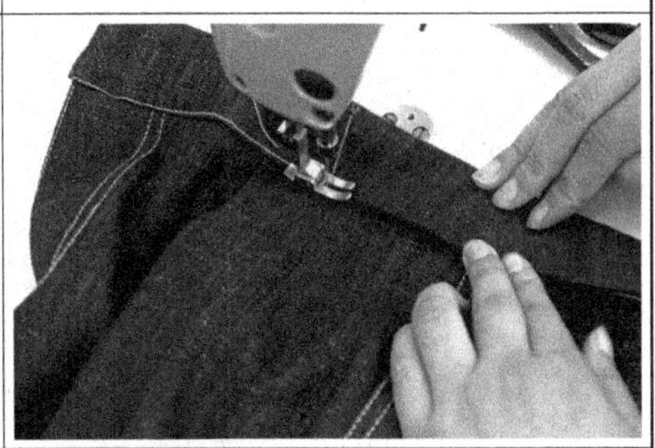</td></tr>
<tr><td>27. 工序名称：装腰头（图略）
工序编号：C13
使用设备：平缝机
将腰里与裙子腰口缝合。要求腰里正面与裙片反面叠合，缝份 1cm，缝线顺直，侧缝与后中对位准确。

28. 工序名称：缝合腰头两端
工序编号：C13
使用设备：平缝机
如图所示，将腰头两端缝合封口。要求封口缝线分别对齐门、里襟边缘，并与腰头的腰口缝线成直角；开始封口前还应确认腰面下口光边应正好盖住腰里缝线。</td><td>29. 工序名称：翻烫腰头（图略）
工序编号：C15
使用设备：平缝机
将腰头两端封口部位的角翻出，并压烫使腰头角部平服。要求腰头两端形态方正且里外均匀。

30. 工序名称：缉腰头明线
工序编号：C16
使用设备：平缝机
如图所示，从里襟一侧开始一个循环压缉腰头装饰性单明线。缉线宽度 0.1cm，缉线时要求腰面下口光边始终正好盖住装腰里缝线，这样既可使正面缉线整齐，又可使反面底线与腰里边缘平行一致。</td></tr>
</table>

续 表

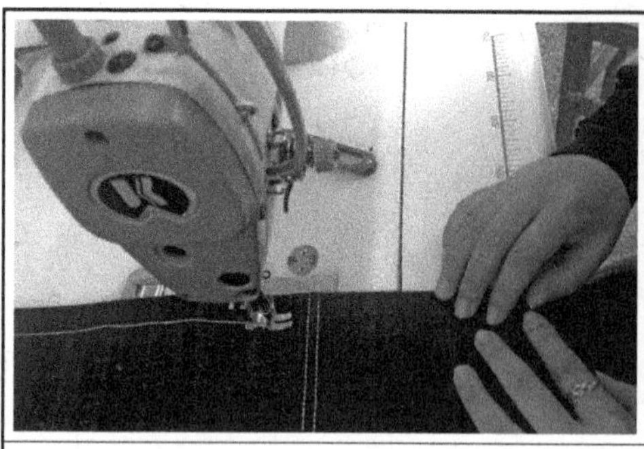	
31. 工序名称：扣烫底边（图略） 工序编号：C17 使用设备：烫台 32. 工序名称：缉底边明线 工序编号：C18 使用设备：平缝机、缉线磁规 使用缉线磁规，底边压缉装饰单明线。要求缉线宽度 3cm。	33. 工序名称：手工锁眼（图略） 工序编号：C19 使用设备：手缝针 34. 工序名称：手工钉扣 工序编号：C29 使用设备：手缝针
	35. 成品效果

项目三　正装裙

【项目描述】

德清电视台女主播的时尚衣柜需要几款正装裙，为了让服装的风格尽可能配合节目的调整，也为了进一步锻炼大家对服装整体设计的把握能力，请同学们来学习正装裙的款式设计、结构制图和样衣制作。

【项目分析】

通过学习，了解包臀裙、旗袍裙、西服裙的款式特点与款式变化，设计拓展裙子的款式，结合分析进行包臀裙、旗袍裙、西服裙的结构设计，掌握制图原理与要点。最后完成一款裙装的工艺缝制，要求达到质量标准。

【项目目标】

1. 知识目标：了解正装裙的款式特点、结构特征。
2. 技能目标：通过款式分析，绘制正装裙的结构制图，掌握制图要点与技巧。
3. 情感目标：提高学生的动手操作能力和设计搭配能力。

【项目实施】

任务一 正装裙的款式设计

所谓正装裙，是指适用于严肃场合的正式裙装。正装就是正式场合的装束，而非娱乐和居家环境的装束。用于各类职业场合穿着时，其廓型主要以直筒、窄身为主。（图 3-1-1）

图 3-1-1

子任务一 包臀裙

1. 概念

包臀裙是一种紧身、长度刚刚遮过臀部的淑女裙，作为这两年最热的裙子之一，包臀裙不仅能满足职场的知性优雅装扮要求，还能满足你约会的甜美可爱装扮要求，展现属于你的着装精彩。包臀裙的款式非常多，适合各种不同的女性穿着。包臀裙是塑造气场十足的“I线条”和“Y线条”的不能忽视的单品，包臀裙的修身功能束出腰线并且令臀部看起来更加完美。（图 3-1-2）

图 3-1-2

2. 搭配

成熟女性搭配比较时尚的名贵材质泡泡衣服，这样能更好地表达出女性的干练。随性的皮夹克搭配上紧身的金属质感包臀裙，配上黑色浅口高跟鞋，让你看上去有独特的性感意味。大檐帽的波浪线条能让你看上去更加优雅。一款坏小子感觉的皮夹克配上镂空式中性短靴，和不规则冬季包臀裙搭配，加上亮色围巾和豹纹墨镜，几乎可以让你出入任何场合。搭配个性又色彩张扬的 T 恤、背心则诠释了活力又健美的少女系 Look。而选择雪纺、蕾丝等名媛风格单品的搭配则贴合了成熟女性的风韵。同时，马甲、打结衬衫等单品叠搭包臀裙也是入秋搭配的不二选择。

3. 种类

包臀裙的种类有超短包臀裙（图 3-1-3）、短包臀裙（图 3-1-4）、及膝包臀裙（图 3-1-5）等。

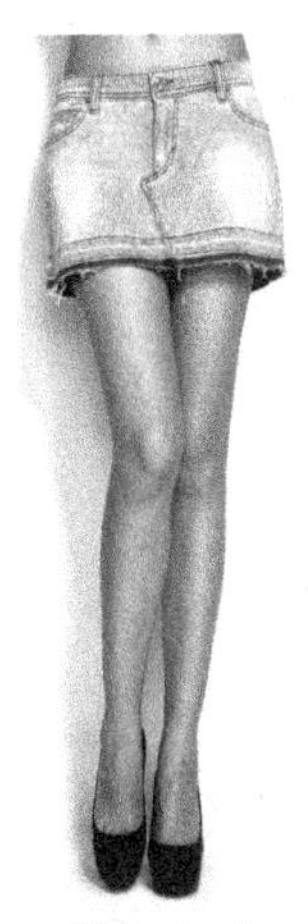

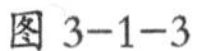

图 3-1-3

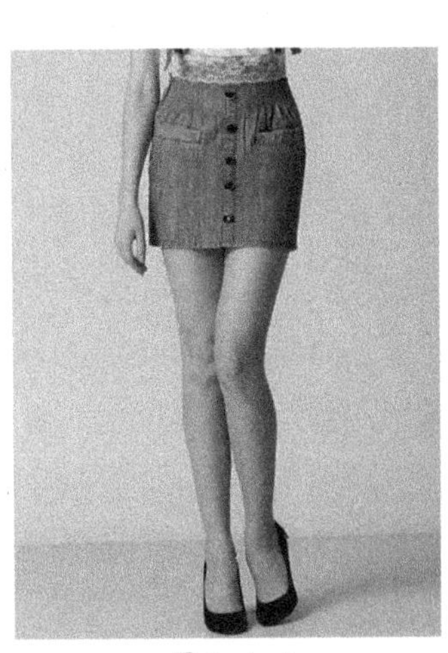

图 3-1-4

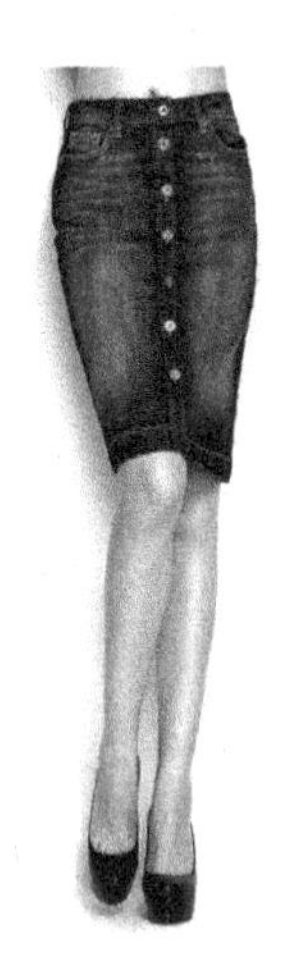

图 3-1-5

专家指点

变化设计：按裙摆、裙长、裙型变化可设计多种款式。（图 3-1-6 至图 3-1-9）

图 3-1-6 图 3-1-7 图 3-1-8

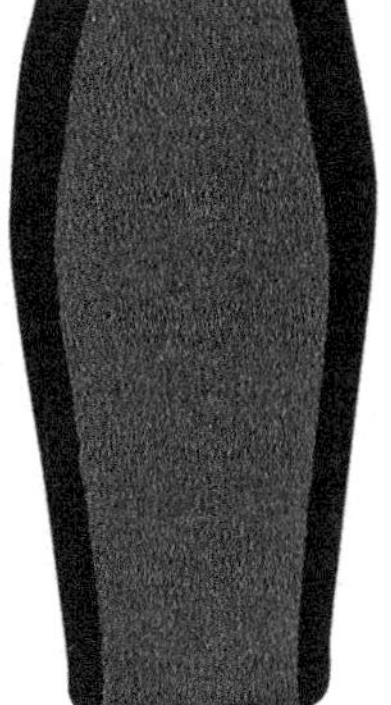

图 3-1-9

子任务二 旗袍裙

1. 概念

通常指左右侧缝开衩的裙。是取旗袍下半段作为造型的一种女裙式样。由于它保留了旗袍修长合体的造型风格，一般裙长在膝盖以下，下摆微收，开衩长度以满足基本的腿部活动量为准。裙子造型符合人体体型，优美流畅。用料省，裁制简易，很受女性的欢迎。

2. 特点

旗袍不能脱离人体而孤立存在。女性的头、颈、肩、臂、胸、腰、臀、腿以及手足，构成众多曲线巧妙结合的完美整体。京派与海派旗袍，代表着艺术、文化上的两种风格。海派风格以吸收西方艺术为特点，标新且灵活多样，商业气息浓厚；京派风格则带有官派作风，显得矜持凝练。

3. 种类

紧腰身，衣长至膝下，两侧开叉，并有长短袖之分，旗袍上装饰最精巧的要算花边。清初镶边较狭，颜色较素。至清末衣缘越来越阔，花边也越滚越多，从三镶三滚、五镶五滚，发展到“十八镶滚”。还有在衣襟及下摆处用不同的珠宝，盘制成各种花样。或挖空花边，镶上各种图案。（图 3-1-10 至图 3-1-11）

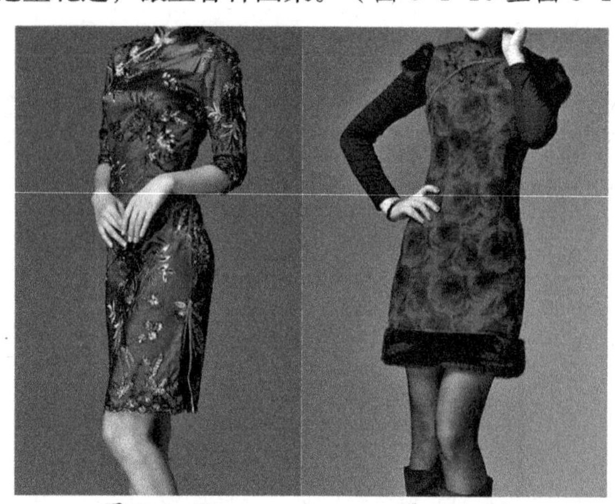

图 3-1-10　　图 3-1-11

相关链接

旗袍是在 20 世纪上半叶由民国服饰设计师参考满族女性传统旗服和西洋文化基础上设计的一种时装。在部分西方人的眼中，旗袍具有中国女性服饰文化的象征意义。在浓厚的封建礼教氛围中，传统旗袍的裁制一直采用直线，胸、肩、腰、臀完全平直，使女性身体的曲线毫不外露。尽管旗袍改于满族妇女的袍子，或称旗装、旗服，但旗袍并不是旗装。旗袍是带有中国特色、体现西式审美，并采用西式剪裁的时装。旗装是满族妇女的民族服饰。旗装大多采用平直的线条，衣身宽松，两边开叉，胸腰围度与衣裙的尺寸比例较为接近；在袖口、领口有大量盘滚装饰。黄色是皇家独尊之色，民众忌用。旗装色彩鲜艳复杂，用料等花色品种多样，喜用对比度高的色彩搭配。在领口、袖头和掖襟上加上了几道鲜艳花边或彩色牙子盘滚设计。由于旗装是一种平面服饰，盘滚成为旗装除面料外的唯一设计空间，因而以多盘滚为美。清末曾时兴过“十八镶”（即镶十八道花边）。清代旗袍纹样多以写生手法为主，龙狮麒麟百兽、凤凰仙鹤百鸟、梅兰竹菊百花，以及八宝、八仙、福禄寿喜等都是常用题材。

子任务三　西服裙

1. 概念

西服裙又称西装裙，是直裙的一种，它通常与西服上衣或衬衣配套穿着。

2. 特点

腰部到臀部紧贴身体、下摆自然下垂，呈 H 型、略呈 A 型或略呈 V 型，突出职场女性稳重、干练的特点；长短及膝，颜色变化不多，便于搭配职业上装。（图 3-1-12 至图 3-1-13）

3. 搭配

白色背心搭配印花短裙，简约大方又不会落于俗套。束衫更展现出高腰线，端庄又显高、显瘦。白色小西装知性成熟，搭配简单，容易驾驭。及踝鱼嘴鞋帅气十足。

图 3-1-12　　图 3-1-13

专家指点

变化设计：西服裙可以在保持外轮廓基本不变的前提下，对长度、腰部、分割、门襟、装饰等细节进行变化。在设计中运用形式美法则，把握西服裙简洁大方的特点，避免过于复杂、夸张的设计元素。

（1）长度变化：根据职业和穿着场合的不同调整西服裙的长度，长度及膝的西服裙显得端庄典雅，适合在银行、政府单位工作的女性穿着，长度在膝盖以上 10~20cm 的西服裙显得时尚、活泼、有动感，适合空姐、企业高层白领等女性穿着。

（2）裙腰部变化：西服裙的腰部变化体现在腰的高低、宽窄和腰省的形式上。腰的高低在腰线处上下略微移动。宽窄随整体设计需要加以变化，如无腰（图 3-1-14）、宽腰（图 3-1-15）、窄腰（图 3-1-16）。腰省有造型、倒向、位置三个方面的变化。使用缝死烫实的省看起来平整雅致，使用活褶看起来新颖、有立体感；省的倒向和位置可据款式需要灵活设置。

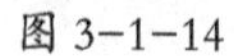
图 3-1-14

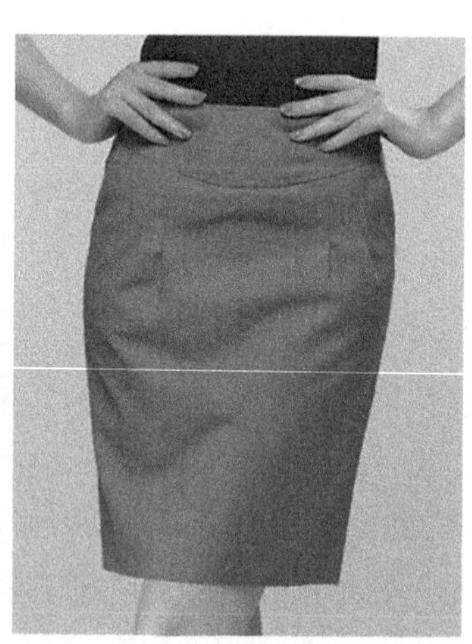

图 3-1-15

图 3-1-16

（3）分割变化：分割线设计在西服裙变化中以竖向为主，如马面裙，前片左右各收一个阴褶，打破了平板的效果。分割线的设计既要符合裙子的工艺需要，如与省道巧妙地结合，又要遵循美学上的形式法则，避免繁多杂乱。（图 3-1-17 至图 3-1-18）

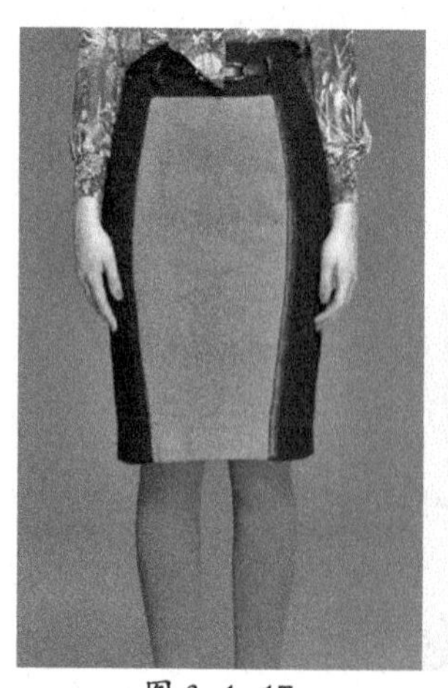

图 3-1-17

图 3-1-18

（4）装饰变化：西服裙设计中可以使用一些简洁的元素进行装饰设计，如腰带、口袋、纽扣、扣襻、花边等。（图 3-1-19 至图 3-1-23）

图 3-1-19　图 3-1-20　图 3-1-21

图 3-1-22　图 3-1-23

相关链接

西装是女服借用男装最为成功的范例之一。鲜为人知的是 19 世纪末的女性最先穿西装不是去上班，而是去骑马、打球或郊游。配穿的裙裾长及足踝，多裥。第二次世界大战后，女性以裤装代替裙装渐渐取得与传统着装一样规范的合法地位，但西方社会一直以女性着裙更为正式。因而西装套裙比西装配裤装正式，短裙又比长裙显得更正式些。20 世纪 40 年代，大批女性在战火中走出闺阁，形成第一次大规模使用职业女装的高潮，西装套裙被作为职业女装中的经典样式固定下来，随着流行产生细节部位的变化。例如，最初的套装裙裙长过膝约 15cm。80 年代，走进办公室的超短裙裙摆已经爬升到膝上 22cm，甚至有时正襟危坐也难保仪态。50 年代的前中期，女外套则变化较大，主要变化为由原来的掐腰改为松腰身，长度加长，下摆加宽，领子除翻领外，还有关门领，袖口大多采用另镶袖，并自中期开始流行连身袖，造型显得稳重而高雅。60年代中后期，女外套普遍采用斜肩、宽腰身和小下摆。袖子流行连身袖及十字袖。西装裙臀围与下摆垂直，长度达膝盖。裤子流行紧脚裤和中等长度的女西裤。此时期的男女西装具有简洁而轻快的风格。到了70年代，女外套又恢复到40年代以前的基本形态，即平肩掐腰，裤子流行喇叭裤（上小下大）。女装前期流行短裙，后期则有所加长，下摆也较大。这一时期的女西装随着时间的推移，到70年代末期至80年代初期，又有了一些变化，流行小领和小驳头，腰身较宽，底边一般为圆角。女西装的下装大多配穿较长而下摆较宽的裙子。这些服装的造型古朴典雅并带有浪漫的色彩。

相关链接

西服裙面料知识

1. 纯化纤织品

（1）纯涤纶花呢。表面平滑细洁，条型清晰，手感挺、爽，易洗快干，穿久后易起毛。宜做男女春秋西服。

（2）涤粘花呢（快巴）。涤纶50~65%、粘胶丝35~50%，毛型感强，手感丰满厚实，弹性较好，价廉。宜做男女春秋服装。

（3）针织纯涤纶。质地柔软，弹性好，外观丰满、挺括，易洗快干。宜做男女春秋服装。

（4）粗纺呢绒。俗称“粗料子”，由于原料品质差异较大，所以织品优劣悬殊亦大。

（5）大衣呢。有平厚、立绒、顺毛、拷花等花色品种。质地丰厚，保暖性强。用进口羊毛和一、二级中国国产羊毛纺制的质量较好，呢面平整，手感顺滑，弹性好。用中国国产三、四级羊毛纺制的手感粗硬，呢面有抢毛。宜做男女长短大衣。

（6）麦尔登。用进口羊毛或中国国产一级羊毛，混以少量精纺短毛织成。呢面丰满，细洁平整，身骨紧密而挺实，富有弹性，不起球，不露底。宜做男女西服和女式大衣。

（7）海军呢。用一、二级中国国产羊毛和少量精纺短毛织成。呢面细整柔软，手感挺实有弹性。有的产品有起毛现象。用途同麦尔登。

（8）制服呢。用三、四级中国国产羊毛混合少量精纺回毛、短毛织成。呢面平整，手感略粗糙，有抢毛，久穿后明显露底，但坚牢耐穿。宜做制服。

（9）法兰绒。呢面混色灰白均匀，绒面略有露纹，手感丰满，细洁平整，美观大方。宜做男女春秋服装。

（10）粗花呢。用一至三级中国国产羊毛混以部分粘纤而成。呢面粗厚，坚牢耐穿，花色繁多。宜做男女春秋两用衫及高档童装。

2. 全毛织品

（1）华达呢。纱支细，呢面平整光洁，手感滑润，丰厚而有弹性，纹路挺直饱满。宜缝制西服、中山服、女上装。缺点是经常摩擦的部位如膝盖、后臀部极易起光。

（2）哔叽。纹路较宽，表面比华达呢平坦，手感软，弹性好，不及华达呢厚实、坚牢，用途同华达呢。

（3）花呢。按重量可分为薄花呢（300 克以下 / 米）和中厚花呢（300~400 克 / 米）。呢面光洁平整，色泽匀称，弹性好，花型清晰，变化繁多。宜做男女各种外套、西服上装。

（4）啥味呢。光泽自然柔和，呢面平整，表面有短细毛绒，毛感柔软。宜做春秋两用衫及西服。

（5）凡立丁。毛纱细，原料好，但密度稀，呢面光洁轻薄。手感挺滑，弹性好，色泽鲜艳耐洗。宜作夏令服装和冬季棉袄料。

（6）派立司。光泽柔合，弹性好，手感爽滑，轻薄风凉，牢度不及凡立丁。最适合做夏季男女各式服装。

（7）女衣呢。纱支较细，结构较疏松，手感柔软，富有弹性，花色多，色彩艳丽。常用作女春秋两用衫和棉袄面子。

拓展训练

正装裙设计变化实例

图 3–1–24 为欧式宫廷二重裙与西装裙的创意融合，经典复古。波点的图案从视觉上给人一种膨胀感，荷叶边的设计更是将二重裙的优点发挥到极致，腹部的赘肉立刻被藏匿起来，视线将集中于修长笔直的美腿。本实例对正装裙设计的装饰变化、分割线变化及裙身局部变化的思路、方法、形式及效果进行了提示。

图 3–1–24

训练 1：根据图 3–1–24 的款式，进行同类款式设计。

训练 2：为主播设计西服裙、包臀裙和旗袍裙各一款。

任务二　正装裙的结构设计

目标要求：掌握裙装的款式特点与纸样设计方法。

重点掌握：以西服裙（图 3-2-1）为例，进行各类正装裙装的纸样设计。

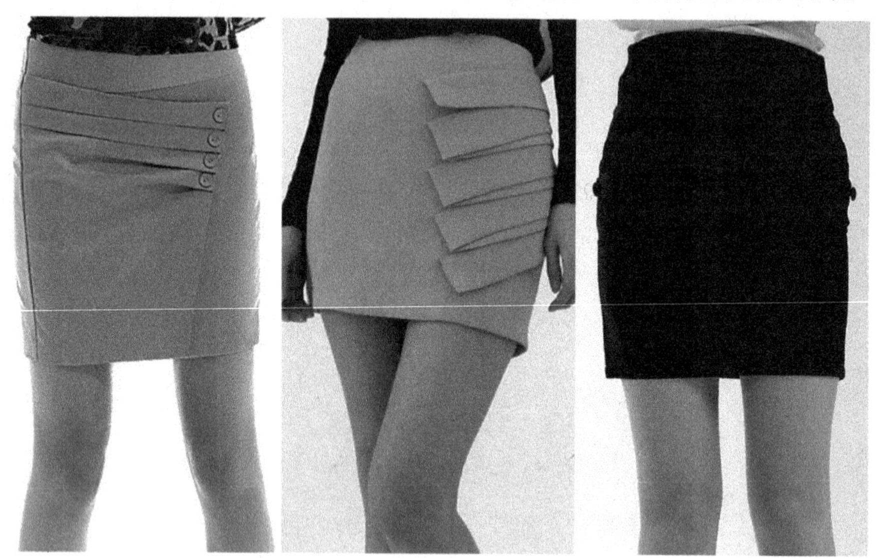

图 3-2-1

子任务一　包臀裙的结构设计

一、任务

完成此款包臀裙的纸样设计。（图 3-2-2）

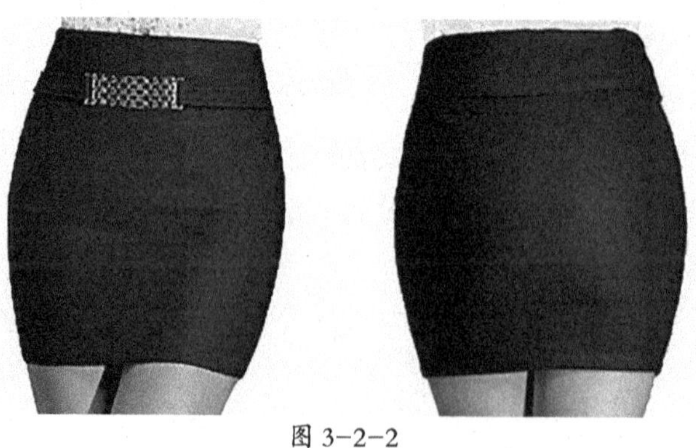

图 3-2-2

二、任务准备

材料：绘画图纸 36cm × 36cm。

设备：制板桌。

工具：专业打板尺、铅笔、橡皮、美工刀。

三、任务实施

（一）分析平面款式与特点

包臀裙类似于泡泡裙，又区别于泡泡裙，它下面是收口的，整个形状就像个花苞一样，就是臀部宽一点，差不多到膝盖就收住了。百搭的包臀裙同时适合少女和熟女。（图 3-2-3）

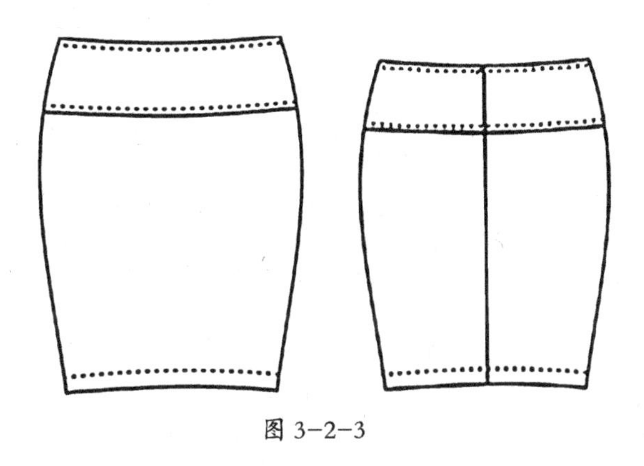

图 3-2-3

（二）研究测量与规格

1. 测量知识

（1）裙腰围的放松量：裙腰围的放松量一般在 0~2 cm之间。

（2）裙臀围的放松量：根据臀围的大小，放松量一般在 0~2 cm之间。

2. 包臀裙成品号型规格参考（单位：cm）

部位 \ 规格	155/68	160/68	165/71	170/71
裙长	40	42	44	46
腰围	66	68	70	72
臀围	88	90	94	96

3. 制图规格（单位：cm）

号型	裙长	腰围	腰臀距	腰宽	臀围
160/66A	42	68	18	3	90

（三）绘制裙片结构图（图 3-2-4）

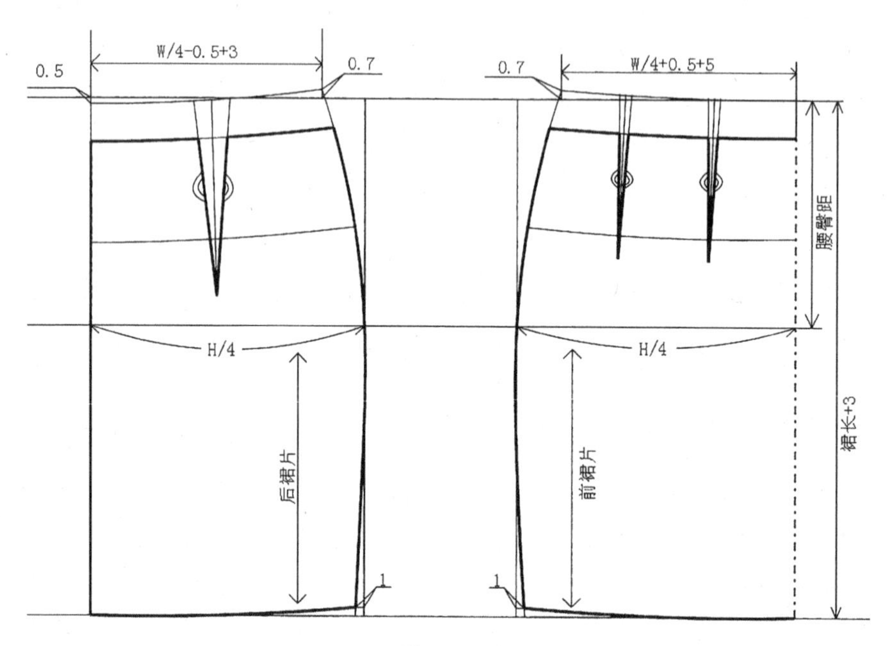

图 3-2-4

（四）配零部件等结构图

1. 腰头（图 3-2-5）

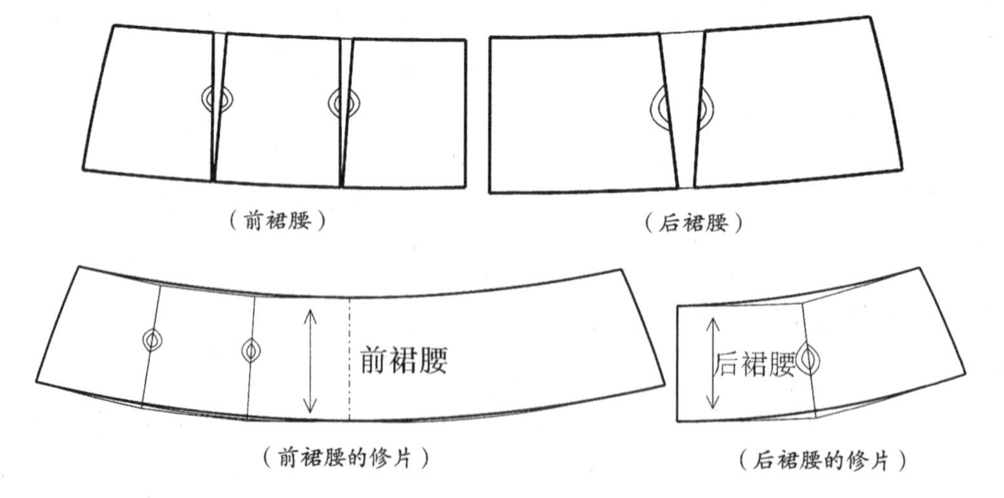

图 3-2-5

（五）包臀裙放缝方法与打刀眼、做记号方法（图 3-2-6）

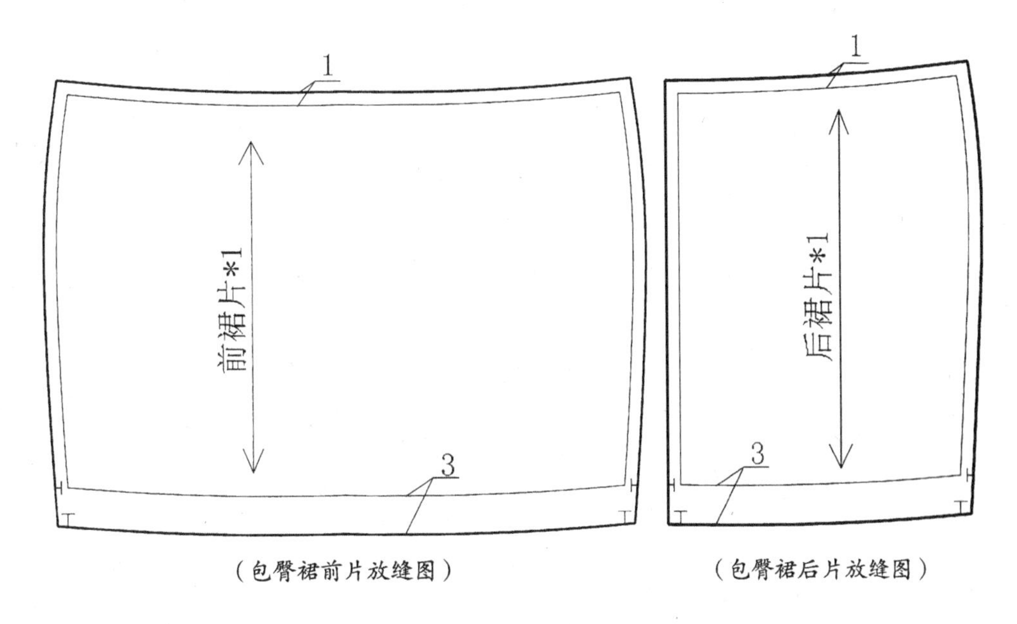

（包臀裙前片放缝图）　（包臀裙后片放缝图）

图 3-2-6

（六）其他辅料放缝图（图 3-2-7）

1. 腰头

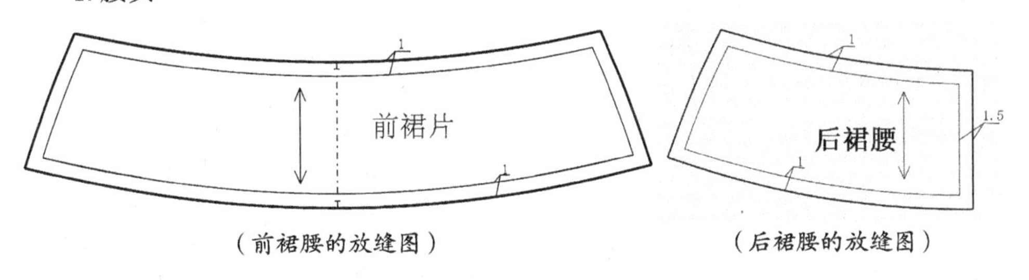

（前裙腰的放缝图）　（后裙腰的放缝图）

图 3-2-7

（七）包臀裙样板名称及裁片数量

序号	种类	名称	数量（片）	备注
1	面料（主部件）	前裙片	1	
2	面料（主部件）	后裙片	1	
3	面料（零部件）	前裙腰贴	1	一片
4	面料（零部件）	后裙腰贴	1	二片

四、任务评价

项目	权重分	细节要求	得分
包臀裙纸样设计	5分	构图好，制图熟练规范	
	15分	公式标齐，注寸清楚，文字有标注	
	10分	轮廓线分明，图纸清晰	
	10分	直线顺直，弧线圆顺	
	10分	无遗漏的部位，符号标齐，完整性好	
	10分	零部件配齐，无遗漏	
	10分	放缝方法准确，有标注	
	10分	眼刀、钻眼位置准确，无遗漏	
	10分	裁片齐全，无遗漏	
	10分	样板上有纱向与文字标注并规范	
总分	100分		

五、任务总结

包臀裙为低腰造型，由于低腰裙的腰臀距需由正常腰线裙装推算，因此仍采用中腰裙的腰臀距规格，然后根据款式设计的低腰量进行减少。

六、拓展作业

完成一款包臀裙的结构图。（图3-2-8）

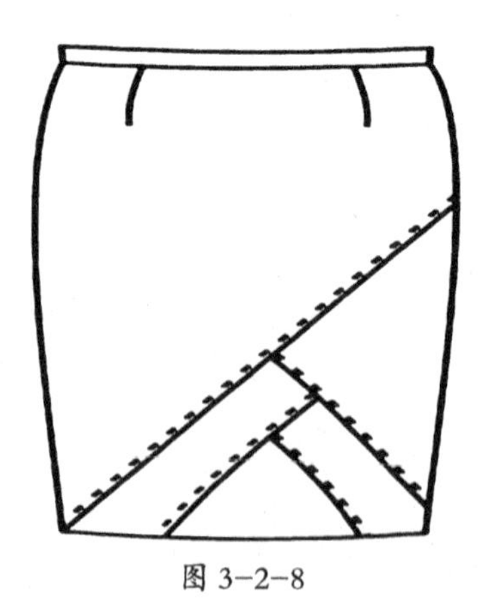

图3-2-8

子任务二　旗袍裙的结构设计

一、任务

完成此款旗袍裙的纸样设计。（图 3-2-9）

图 3-2-9

二、任务准备

材料：绘画图纸 36cm × 36cm。

设备：制板桌。

工具：专业打板尺、铅笔、橡皮、美工刀。

三、任务实施

（一）分析平面款式与特点

旗袍裙通常指左右侧缝开衩的裙，是取旗袍下半段，作为造型的一种女裙式样。由于它保留了旗袍修长合体的造型风格，一般裙长在膝盖以下，下摆微收，开衩长度以满足基本的腿部活动量为准。裙子造型符合人体体型，优美流畅。用料省，裁制简易。（图 3-2-10）

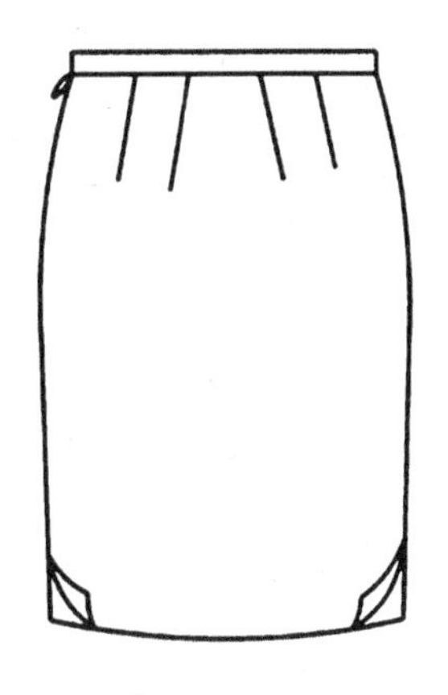

图 3-2-10

（二）研究测量与规格

1. 测量知识

（1）裙腰围的放松量：裙腰围的放松量一般在 0~2 cm之间。

（2）裙臀围的放松量：根据臀围的大小，放松量一般在 0~2 cm之间。

2. 旗袍裙成品号型规格参考（单位：cm）

部位 \ 规格	155/68	160/68	165/71	170/71
裙长	58	60	62	64
腰围	64	66	66	68
臀围	88	92	96	98

3. 制图规格（单位：cm）

号型	裙长	腰围	腰臀距	腰宽	臀围
160/64A	60	66	18	3	92

（三）绘制裙片结构图（图 3-2-11）

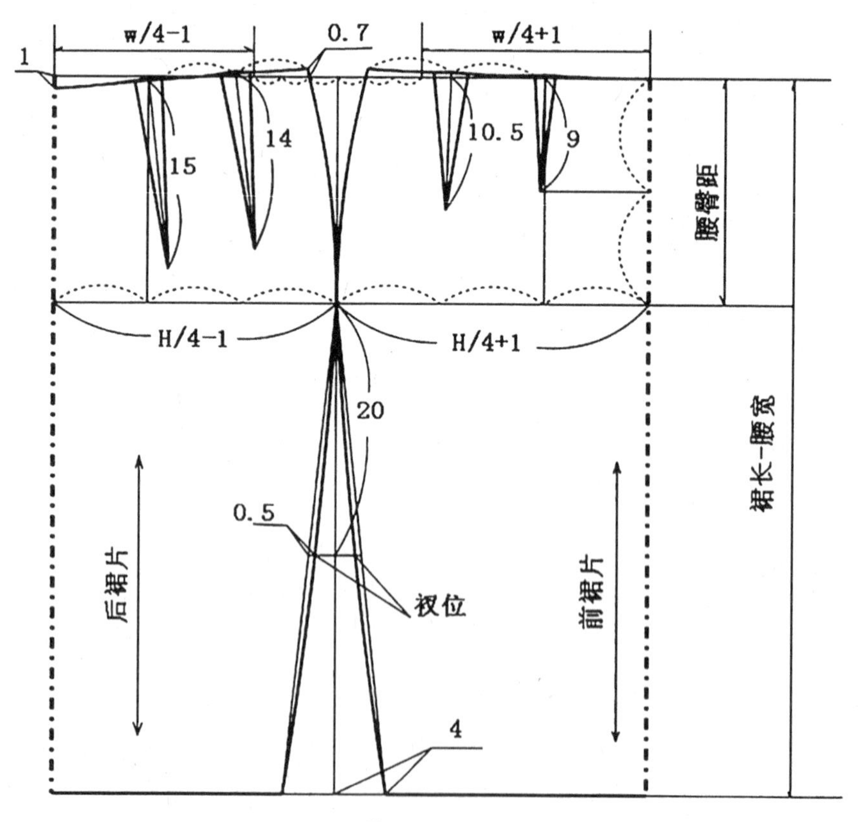

图 3-2-11

（四）配零部件等结构图

1. 腰头（图 3-2-12）

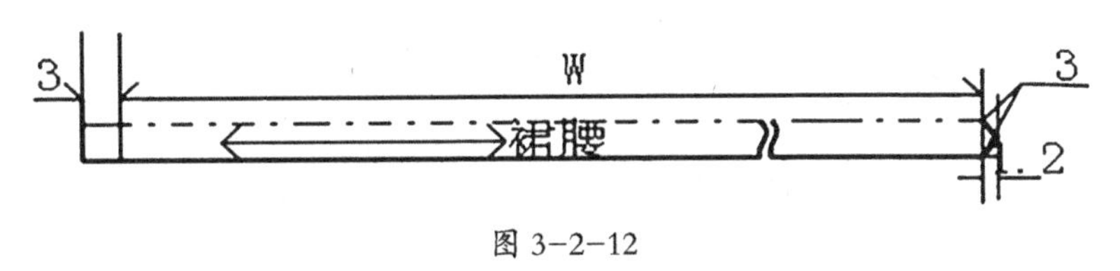

图 3-2-12

2. 门襟、里襟（图 3-2-13）

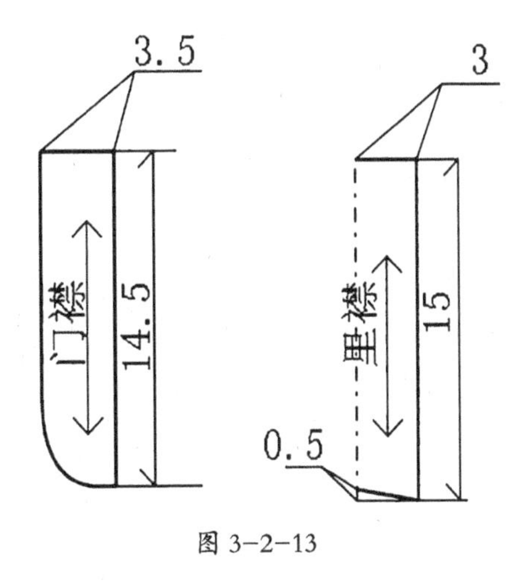

图 3-2-13

（五）放缝方法与打刀眼、做记号方法（图 3-2-14）

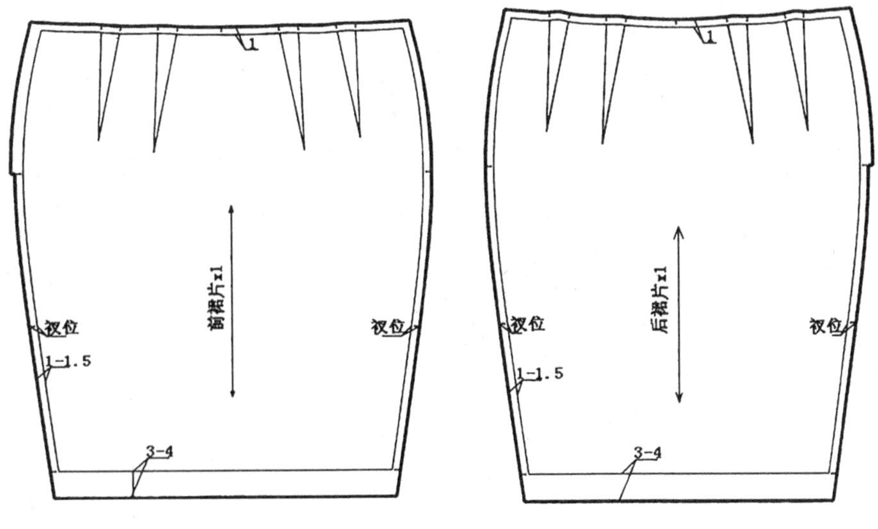

图 3-2-14

（六）其他辅料放缝图

1. 腰头（图 3-2-15）

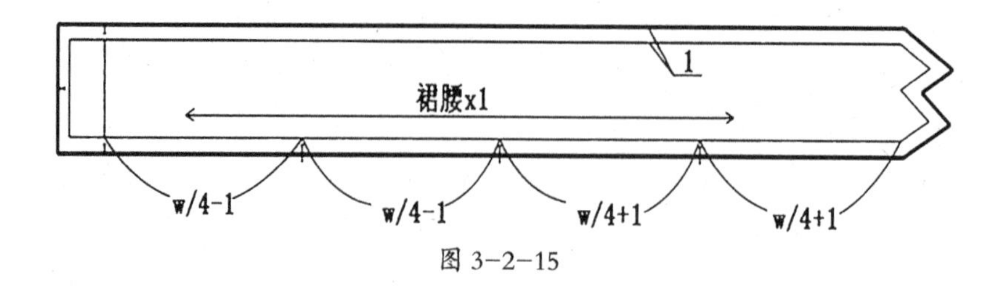

图 3-2-15

2. 门襟、里襟（图 3-2-16）

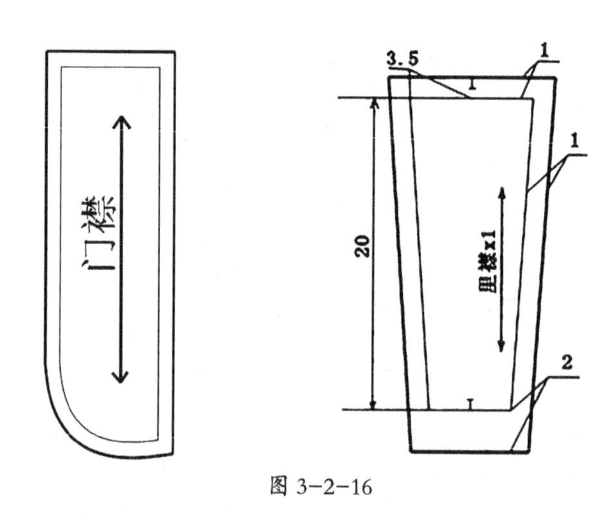

图 3-2-16

（七）旗袍裙样板名称及裁片数量

序号	种类	名称	数量（片）	备注
1	面料（主部件）	前裙片	1	
2	面料（主部件）	后裙片	1	
3	面料（零部件）	前裙腰	1	门襟侧裙腰一片，里襟侧裙腰一片
4	面料（零部件）	里襟	1	一片
5	面料（零部件）	门襟	1	一片

四、任务评价

项目	权重分	细节要求	得分
旗袍裙的结构设计	5 分	构图好，制图熟练规范	
	15 分	公式标齐，注寸清楚，文字有标注	
	10 分	轮廓线分明，图纸清晰	
	10 分	直线顺直，弧线圆顺	
	10 分	无遗漏的部位，符号标齐，完整性好	
	10 分	零部件配齐无遗漏	
	10 分	放缝方法准确有标注	
	10 分	眼刀、钻眼位置准确无遗漏	
	10 分	裁片齐全，无遗漏	
	10 分	样板上有纱向与文字标注并规范	
总分	100 分		

五、任务总结

（1）该款裙装也是直身裙，而且下摆略有收进。为满足腿部的活动量，采用侧缝两边开衩。

（2）褶裥的缝止点与开衩的高度也是有讲究的，一般开衩在膝关节向上 18~20cm 就能满足日常的活动需要。

六、拓展作业

完成一款开前侧衩的旗袍裙的纸样设计。（图 3-2-17）

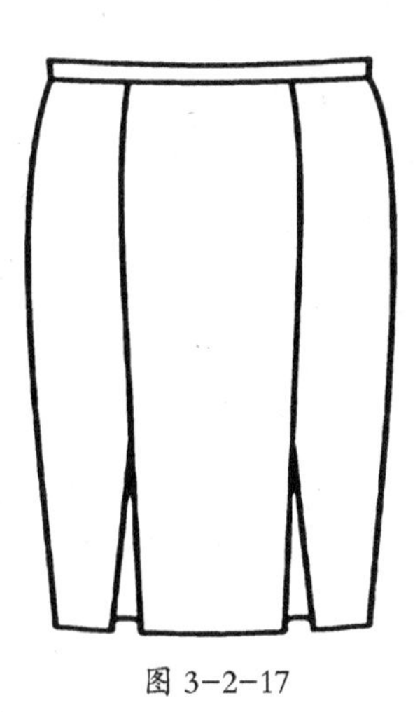

图 3-2-17

子任务三 西服裙的结构设计

一、任务

完成此款西服裙的纸样设计。（图 3-2-18）

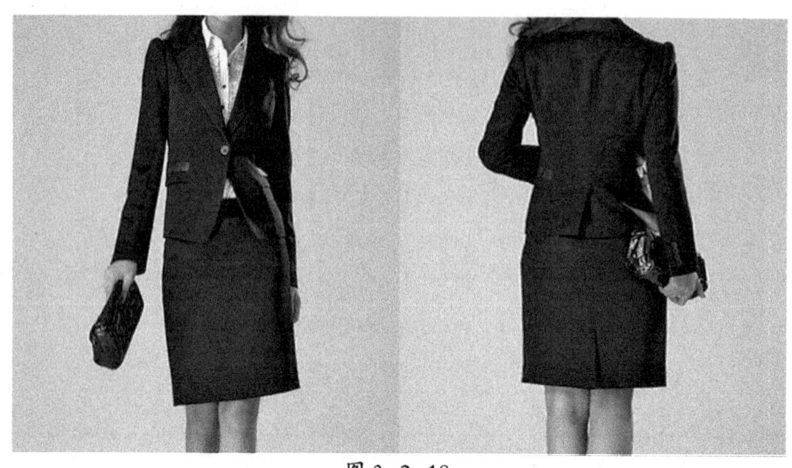

图 3-2-18

二、任务准备

材料：绘画图纸 36cm×36cm。

设备：制板桌。

工具：专业打板尺、铅笔、橡皮、美工刀。

三、任务实施

（一）分析平面款式与特点

西服裙又称西装裙，是职业女性在职场搭配西装的一种经典的直裙样式。这类裙子臀围线以上部分与人体腰臀部贴合，臀围放松量一般为 2~4cm，裙子较紧身，臀围线以下部分呈后 H 形裙。通常选用中厚型面料，要求外形整洁挺括。本款西服裙装直腰，裙摆略展开，裙长略低于膝盖。前片居中设置阴褶，右侧缝上端装隐形拉链，前腰口左右各收一个省，后腰口各收两个省（视臀腰差而定）。（图 3-2-19）

图 3-2-19

（二）研究测量与规格

1. 测量知识

（1）裙腰围的放松量：裙腰围的放松量一般在 0~2 cm之间。

（2）裙臀围的放松量：根据臀围的大小，放松量一般在 0~2 cm之间。

2. 西服裙成品号型规格参考（单位：cm）

规格 部位	155/68	160/68	165/71	170/71
裙长	66	68	70	72
腰围	66	68	70	72
臀围	88	92	96	98

3. 制图规格（单位：cm）

号型	裙长	腰围	腰臀距	腰宽	臀围
160／66A	68	68	18	3	92

（三）绘制裙片结构图（图 3-2-20）

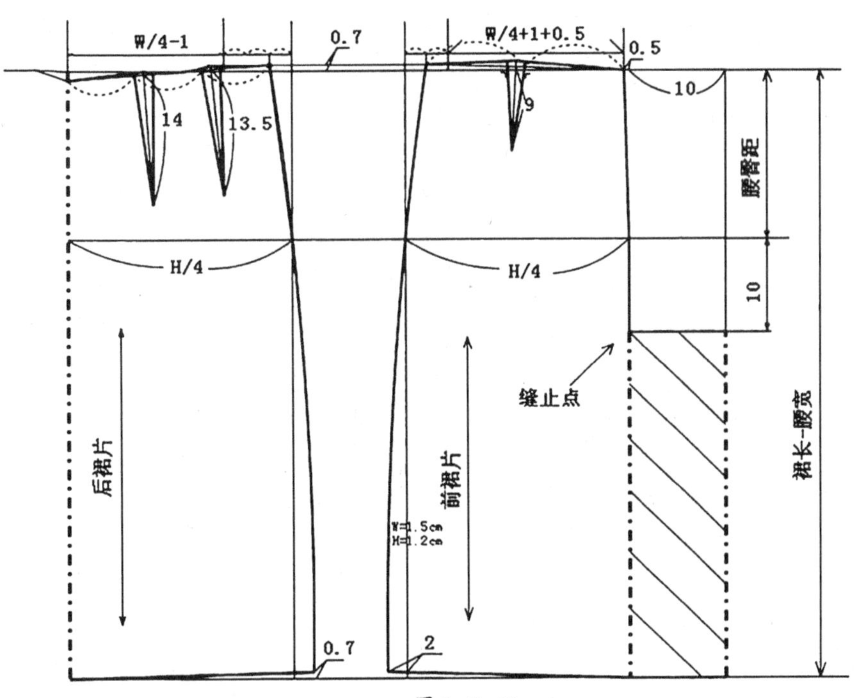

图 3-2-20

（四）配零部件等结构图

1. 腰头（图 3-2-21）

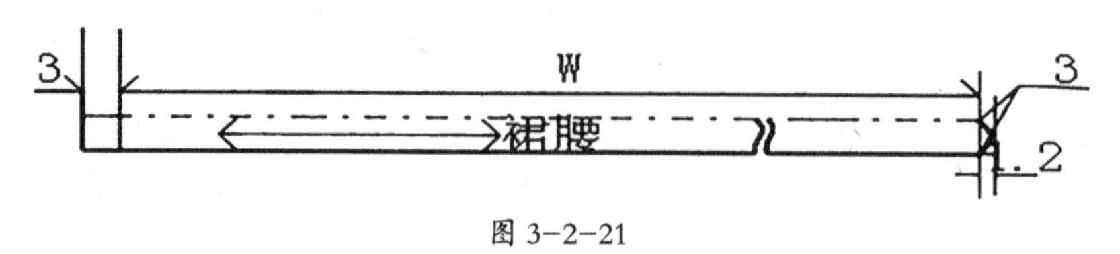

图 3-2-21

2. 门襟、里襟（图 3-2-22）

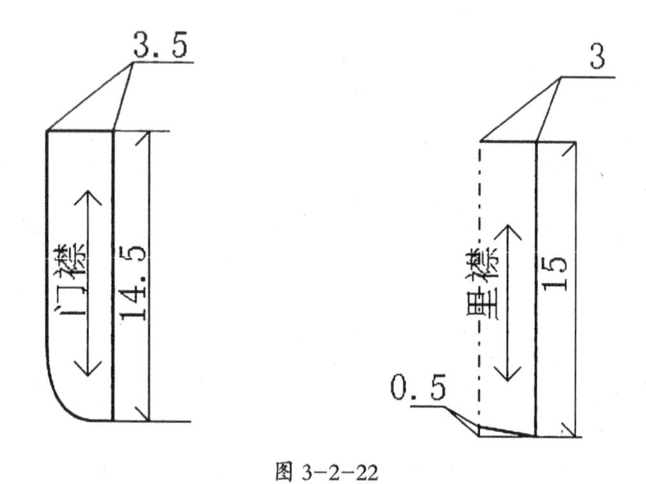

图 3-2-22

（五）西服裙放缝方法与打刀眼、做记号方法（图 3-2-23）

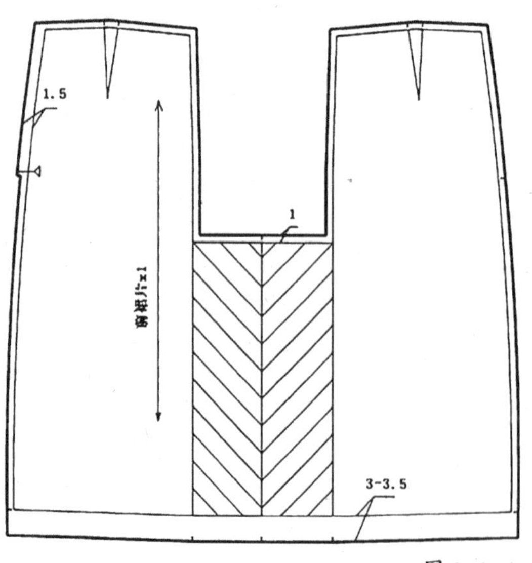

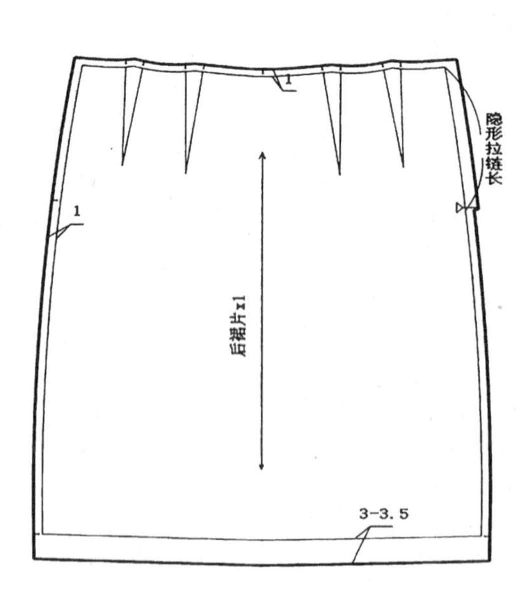

图 3-2-23

（六）其他辅料放缝图

1. 腰头（图 3-2-24）

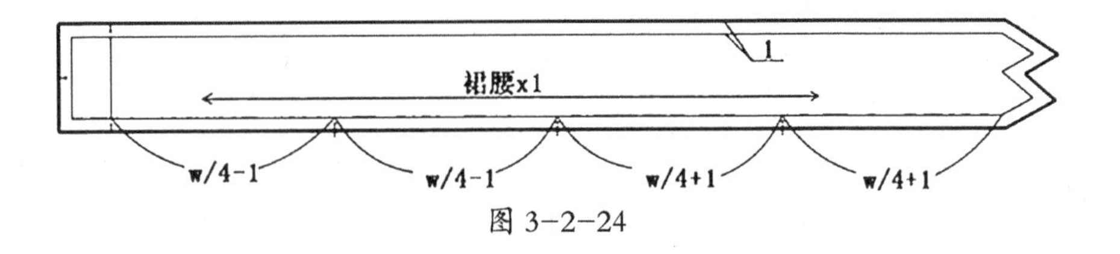

图 3-2-24

2. 门襟、里襟（图 3-2-25）

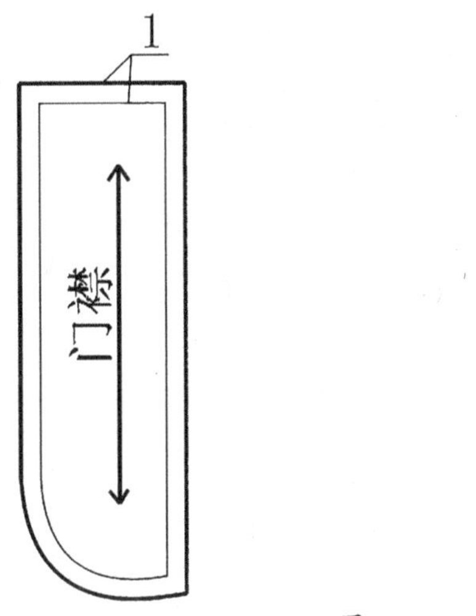

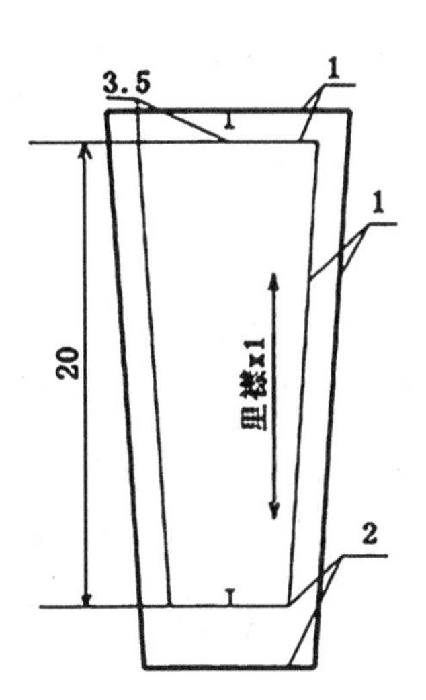

图 3-2-25

（七）西服裙样板名称及裁片数量

序号	种类	名称	数量（片）	备注
1	面料（主部件）	前裙片	1	
2	面料（主部件）	后裙片	1	
3	面料（零部件）	裙腰	1	门襟侧裙腰一片，里襟侧裤腰一片
4	面料（零部件）	门襟	1	一片

四、任务评价

项目	权重分	细节要求	得分
西服裙纸样设计	5分	构图好，制图熟练规范	
	15分	公式标齐，注寸清楚，文字有标注	
	10分	轮廓线分明，图纸清晰	
	10分	直线顺直，弧线圆顺	
	10分	无遗漏的部位，符号标齐，完整性好	
	10分	零部件配齐，无遗漏	
	10分	放缝方法准确，有标注	
	10分	眼刀、钻眼位置准确，无遗漏	
	10分	裁片齐全，无遗漏	
	10分	样板上有纱向与文字标注并规范	
总分	100分		

五、任务总结

（1）西服裙中臀腰差达到26cm以上的总共可收8个省，以四片裙为例，每片各收2个省，后片收2个省，臀腰差14~25cm的一共收4个省，每片各收1个省，或前片收1个省，后片收2个省，臀腰差13cm以下的不必收省，可以全部利用侧缝劈势处理。

（2）由于人体前腹部较平，因此前腰省的位置可适当向侧缝方向偏移，否则容易产生省尖下方起空的弊病。

六、拓展作业

完成此款西服裙的结构图。（图3-2-26）

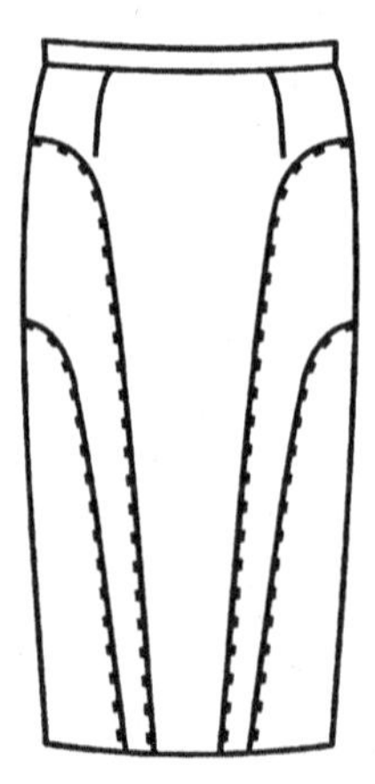

图 3-2-26

任务三　正装裙的缝制工艺

子任务　包臀裙的缝制工艺

（一）排料与裁剪

1. 排料

包臀裙的排料采用幅宽相同、套排件数不同的两种方案。

方案一：采用单层单件排料方法。（图 3-3-1）

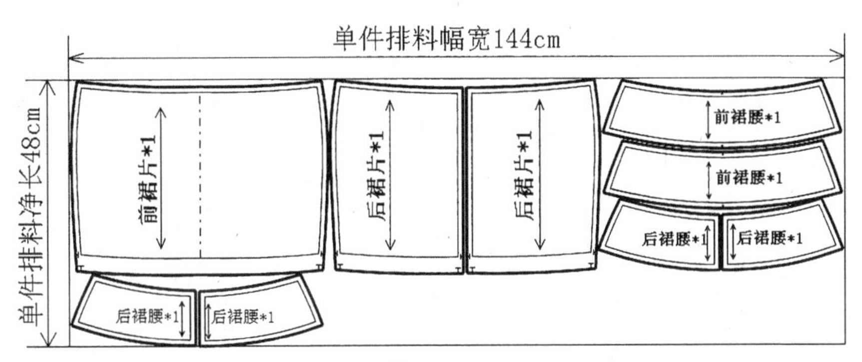

图 3-3-1

方案二：采用单层两件套排法。（图 3-3-2）

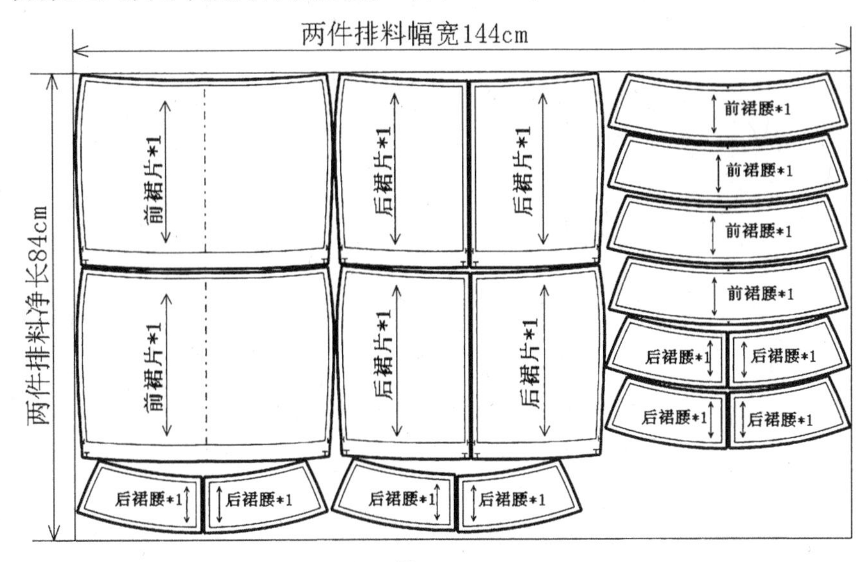

图 3-3-2

将两种相同幅宽、不同套排数的排料方法进行比较，可看出套排的布料利用率比单件排料高。因此在批量服装生产场合只要面料质量允许都采用多件套排法。

2. 裁剪

按确定的排料方案，可用划粉依照纸样在布料的反面先划样，也可以将纸样用大头针别在布料上手工裁剪，要求丝缕端正，剪裁精确，并注意不要遗漏下列对位剪口：（1）侧缝拉链开衩止点剪口；（2）裙片腰口中点对位剪口。

腰里贴边因为要黏衬，所以最好先粗裁，待黏衬后再修准，并注意不要遗漏下列剪口和定位钻孔：（1）前、后裙片臀位线对位剪口；（2）前裙腰面、里和前裙片的对位中点；（3）裙摆缝处卷边定宽剪口。

（二）净样板制板

本款包臀裙缝制过程中需要用到的腰里修片样板，可直接使用腰里贴边样板。

（三）辅料配置

拉链：长度 25cm，配色隐形拉链一条。

黏合衬：腰里使用 45 g / m² 的无纺黏合衬。

（四）专用辅助工具准备

本款包臀裙缝制装隐形拉链需要使用单边压脚。单边压脚有左右之分，可根据使用要求选择。

（五）包臀裙的工艺技术文件

<table>
<tr><td colspan="7">包臀裙工艺单</td></tr>
<tr><td colspan="2">订单号：010015</td><td colspan="3">效号：N0818</td><td>数量：
1200 条</td><td>面料：3030/6868
交货日期：2013.12.30</td></tr>
<tr><td colspan="5">成品规格（单位：cm）</td><td colspan="2">工艺要求</td></tr>
<tr><td>规格
部位</td><td>155/68</td><td>160/68</td><td>165/71</td><td>170/71</td><td colspan="2" rowspan="7">缝线要求：
明线 14~15 针 /3cm，暗线 13~14 针 /3cm。
1. 做腰：腰贴边长度比腰面一边短 0.7cm。前中对齐缝制。
2. 侧缝拼接顺直，锁边一上一下。
3. 隐形拉链缝制，使用单边压脚。注意腰头与裙片的接缝处对齐。
4. 侧缝与剪口对齐，缝头均匀顺直。
5. 合侧缝：缝头均倒向前片，上下层之间缝子要对齐，不偏斜。
6. 卷底边：底边宽 2cm，熨烫平整不歪斜。
7. 缝纫针号：10#。
8. 锁边线一律配色。</td></tr>
<tr><td></td><td></td><td></td><td></td><td></td></tr>
<tr><td>裙长</td><td>45</td><td>46</td><td>47</td><td>48</td></tr>
<tr><td>腰围</td><td>68</td><td>70</td><td>74</td><td>76</td></tr>
<tr><td>臀围</td><td>88</td><td>90</td><td>92</td><td>94</td></tr>
<tr><td>腰臀距</td><td>18</td><td>18</td><td>19</td><td>19</td></tr>
<tr><td></td><td></td><td></td><td></td><td></td></tr>
</table>

续　表

<table>
<tr><td colspan="9">包臀裙工艺单</td></tr>
<tr><td colspan="6">色码搭配</td><td>印绣花部位
要求:</td><td></td><td></td></tr>
<tr><td>尺码
颜色</td><td>155/68</td><td>160/68</td><td>165/71</td><td>170/71</td><td>小计</td><td></td><td></td><td></td></tr>
<tr><td>红色</td><td>100</td><td>100</td><td>100</td><td>100</td><td>400</td><td rowspan="4">裁剪要求:
1. 辅料每匹做间隔，按区分包，辅料层数不超过140层。
2. 面、底层误差≤ 0.3cm，剪口齐全。
3. 排料经斜允差≤ 2%。</td><td rowspan="4">锁钉要求</td><td rowspan="4">唛头说明:
1. 商标：百合花，钉在前左侧腰口商标帖上。
2. 尺码、洗唛钉在左侧缝距底边 15cm 处。</td></tr>
<tr><td>蓝色</td><td>100</td><td>100</td><td>100</td><td>100</td><td>400</td></tr>
<tr><td>咖啡色</td><td>100</td><td>100</td><td>100</td><td>100</td><td>400</td></tr>
<tr><td></td><td></td><td></td><td></td><td></td><td></td></tr>
<tr><td colspan="6">整烫包装要求:
整烫：熨烫温度 170%，不可有极光，不可有污渍，不可出现极光烫痕。
包装：折叠规格 33cm × 23cm，一件一胶袋，独色混码装箱；吊牌 / 备扣袋用塑料套针穿于尺码唛上。</td><td>用衬部位</td><td></td><td>辅料说明:
配色隐形拉链。
线：配色 603 涤棉线。</td></tr>
</table>

4. 确定工序

为使缝制工作有序进行，在缝制前应合理安排各个工序的顺序，使各个工序之间衔接良好，提高缝制效率。本款包臀裙的缝制工艺流程如图 3–3–3。

A. 腰衬、腰里

▽

1 □ 腰里黏衬
2 □ 修剪腰里
3 ○ 拼接腰面、腰里侧缝
4 ○ 缝合腰头上口
5 □ 翻烫定型腰上口修剪腰里缝
6 □ 定型腰上口、修剪腰里缝份

B. 前后裙片、拉链

▽

1 ◎ 前片锁边
2 ◎ 后片锁边
3 ○ 拼合侧缝
4 □ 翻烫侧缝
5 ○ 装腰头
6 ○ 拼合后中缝
7 ◎ 装隐形拉链 1
8 ◎ 装隐形拉链 2
9 ◎ 装隐形拉链 3
10 ○ 缉腰头明线
11 □ 扣烫底边
12 □ 底边绷三角针
13 ◇ 成品检验

△

符号说明:
▽ 投料
□ 手工及整烫
○ 平缝机
◎ 专用机
◇ 检验
△ 完成

图 3–3–3

七、缝制方法与要领

根据缝制工艺流程，包臀裙的缝制要领分步骤介绍如下：

<table>
<tr>
<td>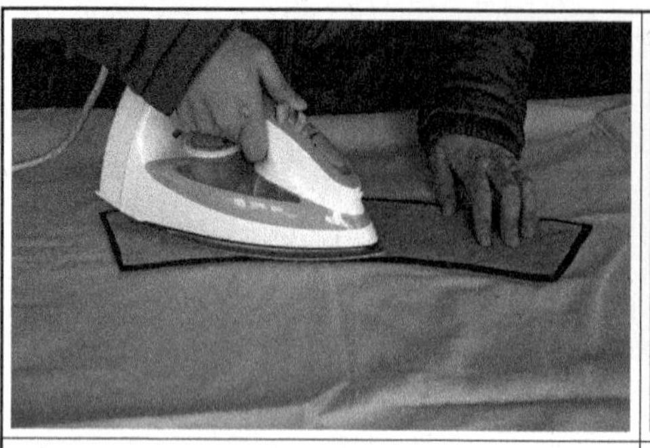</td>
<td>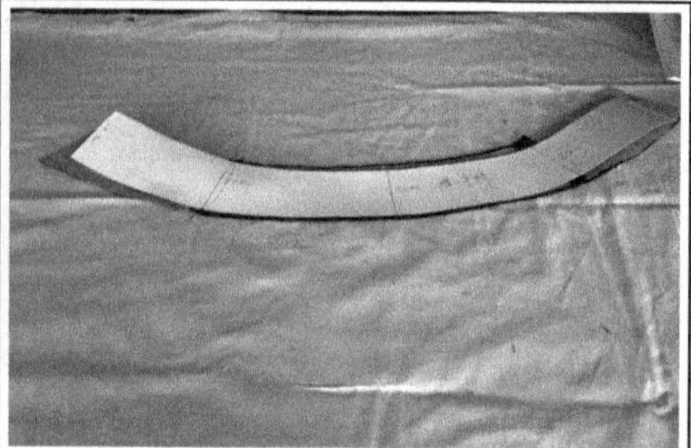</td>
</tr>
<tr>
<td>1. 工序名称：腰里黏衬
工序编号：A1
使用设备：烫台
在批量生产的场合黏衬使用黏合机，单件制作可手工黏衬，黏衬的温度因衬布而异，一般无纺衬的粘烫温度可设定为100℃左右。手工黏衬需注意以下操作要领：（1）黏合衬要裁的比腰头裁片四周小0.3cm，这样既节省黏合衬用料又可避免粘合剂污染烫台；（2）裁片在下、正面朝下，衬布在上、正面朝下叠放；（3）熨斗不要贴着衬布移动，应该提起来再压下去；（4）黏烫时应垂直于衬布适当施加压力并保持一定时间，使压烫部位受热通透；（5）黏合部件整体受力、受热要均匀。</td>
<td>2. 工序名称：修剪腰里
工序编号：A2
使用设备：烫台
裁片黏衬后因为热缩等原因会产生一定程度变形，为使裁片更加精确，黏衬前可以粗裁，黏衬后再按纸样将裁片修剪准确，服装术语中的修片指的就是这个工序。如图所示，将纸样与裁片用别针固定，按纸样修剪；批量生产的场合一般依照样板用划粉画线后修剪。</td>
</tr>
<tr>
<td>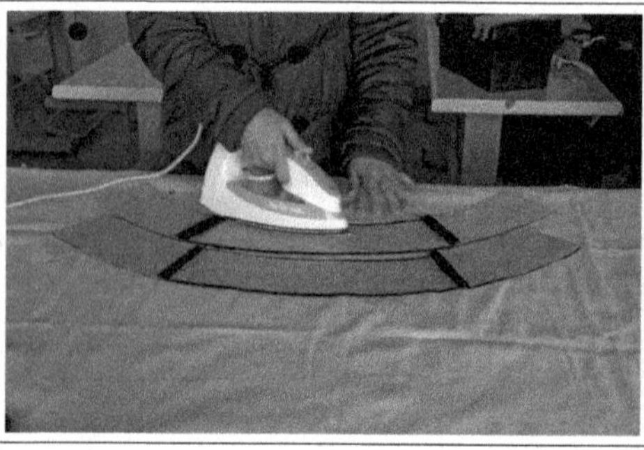</td>
<td></td>
</tr>
<tr>
<td>3. 工序名称：拼接腰面、腰里侧缝
工序编号：A3
使用设备：平缝机
将腰面布与腰里布的侧缝分别拼合。</td>
<td>4. 工序名称：缝合腰头上口
工序编号：A5
使用设备：平缝机
如图所示，将腰面布与腰里布的上口缝合。缝合时要注意将腰里布的侧缝缝边分开，面、里的侧缝要对齐。装腰面与腰里两端暂时都不要缝到头（两头距侧缝约3cm不缝），并如图所示将腰里比裙片腰口短0.7cm。</td>
</tr>
</table>

续 表

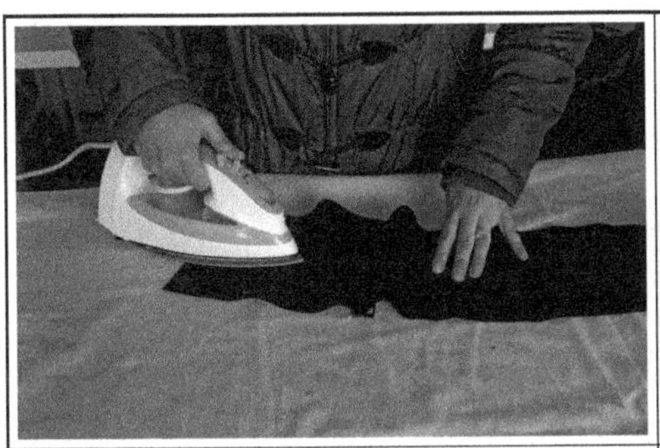	
5. 工序名称：翻烫定型腰上口、修剪腰里缝份 工序编号：A6 使用设备：烫台、平缝机 由于是扇形腰头，腰上口翻烫定型比较困难，因此，先在反面将腰口缝边沿缝线向腰面方向烫倒，然后再在正面熨烫定型，要求腰口里面里外均匀整齐，最后保留 1cm 缝份，按腰面下口光边修剪腰里下口毛边，并在腰里后中做到对位剪口。	6. 工序名称：定型腰上口、修剪腰里缝份 工序编号：A6 使用设备：烫台、平缝机 为防止裙子穿着时里料外露，可在腰口的腰里上缉压一条明线。缉压时将腰里与裙片摊平，腰口缝份倒向腰里，将腰里与腰口缝份通过缉线固定在一起，因为缉线无法缝到头，所以可缝制拉链两侧约 5cm 处。
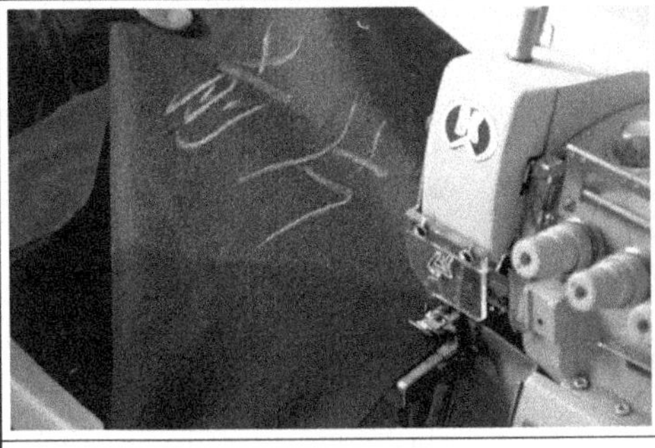	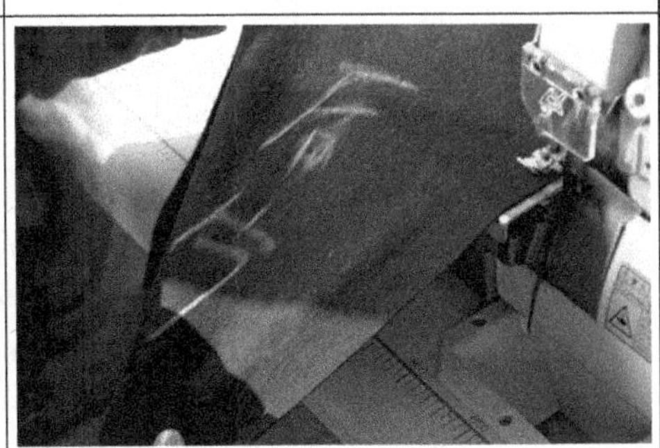
7. 工序名称：前片锁边 工序编号：B1 使用设备：锁边机 除裙片腰口外，其余三边都锁边（注意腰口与裙底边的区别）。	8. 工序名称：后片锁边 工序编号：C1 使用设备：锁边机 除后裙片腰口外，其余三边都锁边（注意腰口与裙底边的区别）。

续 表

	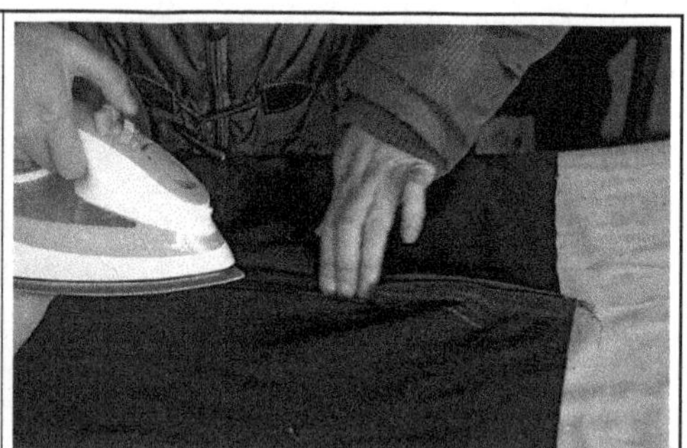
9. 工序名称：拼合侧缝 工序编号：C2 使用设备：平缝机 拼合前后片侧缝，注意上下层松紧一致，缝线顺直。	10. 工序名称：翻烫侧缝 工序编号：C3 使用设备：烫台 用电熨斗翻烫裙侧缝三边，把三条裙侧边烫平。
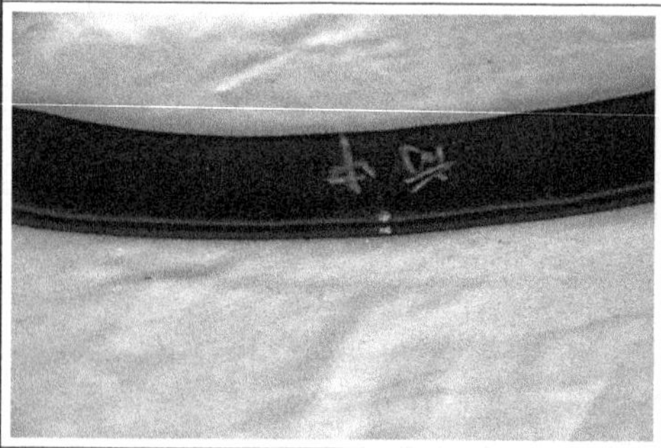	
11. 工序名称：装腰头 工序编号：C4 使用设备：平缝机 裙面与腰面缝合，注意前裙腰中点与裙腰口中点对上。裙侧缝与腰侧缝对上。	12. 工序名称：拼合后中缝 工序编号：C5 使用设备：平缝机 缝合两片后裙片，注意上下两层松紧一致，缝线顺直。这里应注意裙片与腰头的位置应一致。也就是腰头长度与裙边长度两片后裙片应一样长。

续　表

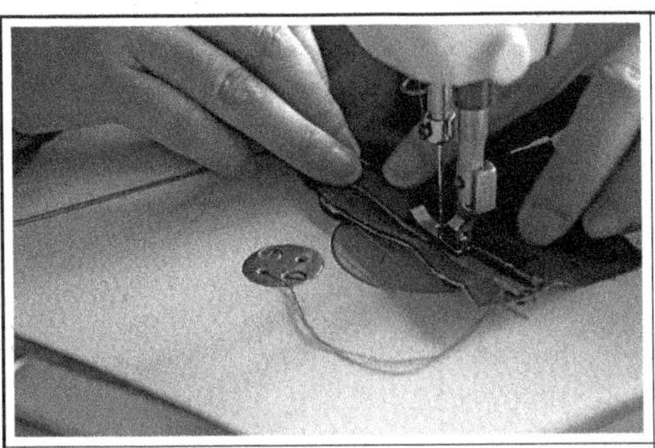	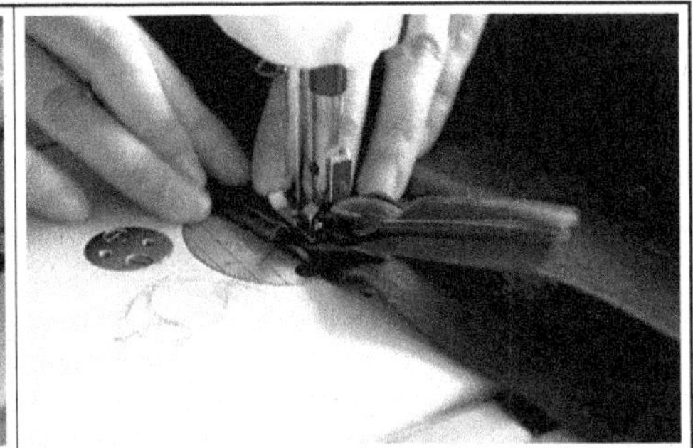
13. 工序名称：装隐形拉链 1 工序编号：C6 使用设备：平缝机 拉链开衩缝止点以上的侧缝不缝合，从指点标记开始缝合侧缝。隐形拉链的长度比开衩需至少长 5cm, 拉链的下端封口至少要低于拉链开衩止点 4cm, 否则就无法在下一步骤中将卷曲的拉链“牙齿”剥开，使缝线紧靠拉链“牙齿”边缘。	14. 工序名称：装隐形拉链 2 工序编号：C7 使用设备：平缝机 使用单面压脚先将拉链的一侧缝在侧缝开衩部位，注意如图所示将拉链的正面与裙片的正面叠合，拉链上端的封口需要放出于腰头（将来剪去），缝线时需将卷曲的拉链“牙齿”剥开，使缝线能紧靠“牙齿”边缘，且装拉链的缝线与裙片侧缝拼合的缝线应尽量顺畅连接，错位应控制在 0.1cm 之内。按上一步骤的同样要求缝合另一侧，开衩缝止点的下方的拉链可以先留着，也可以先在缝止点下方 0.5cm 处用平缝机倒回针将拉链两边缝牢，保留 1cm 缝份剪去多余的拉链。
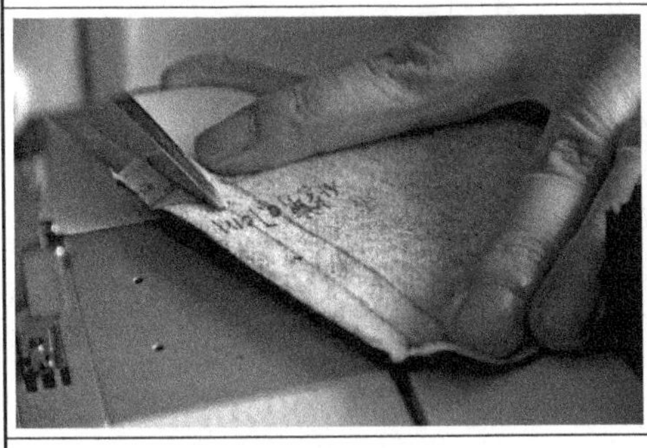	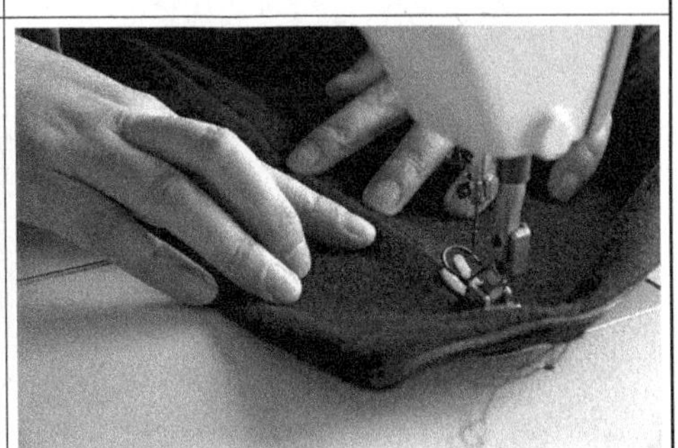
15. 工序名称：装隐形拉链 3 工序编号：C8 使用设备：平缝机 将修短后的腰里料与拉链边缘叠齐后缝合。按图示方向折转腰里与拉链拼合缝份后，将前一步骤中暂时没有缝合的腰口两端缝合。	16. 工序名称：缉腰头明线 工序编号：C5 使用设备：平缝机 裙腰与裙子缝合后缉一条 0.1cm 的明线。

续　表

<table>
<tr><td>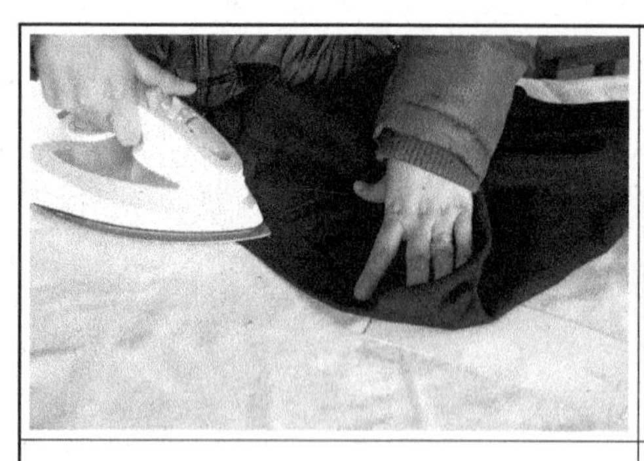</td><td>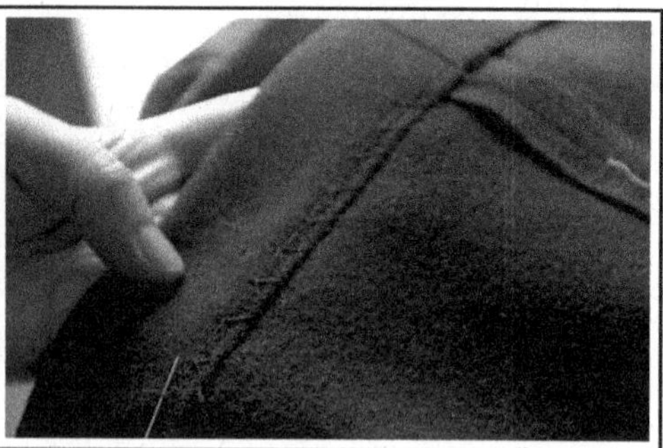</td></tr>
<tr><td>17. 工序名称：扣烫底边
工序编号：C9
使用设备：烫台
将裙子底边扣烫 4cm，烫平。</td><td>18. 工序名称：底边绷三角针
工序编号：C10
使用设备：手缝针
手缝底边绷三角针，要求底边平整。</td></tr>
<tr><td></td><td></td></tr>
<tr><td colspan="2">19. 成品效果</td></tr>
</table>